战 斗 民 族 的 钢 铁 巨 龙

苏俄装甲列车图史

БРОНЕПОЕЗДА
СССР И РОССИЙ
1917-2015

编著·唐浩

人民日报出版社

图书在版编目（CIP）数据

战斗民族的钢铁巨龙 ：苏俄装甲列车图史 ：1917～
2015 / 唐浩编著. -- 北京 ：人民日报出版社，2015.12
ISBN 978-7-5115-3476-7

Ⅰ．①战… Ⅱ．①唐… Ⅲ．①装甲车—俄罗斯—
1917～2015 —图解 Ⅳ．① E923.1-64

中国版本图书馆 CIP 数据核字（2015）第 286446 号

书　　名：战斗民族的钢铁巨龙 ：苏俄装甲列车图史 1917-2015
编　　著：唐　浩

出 版 人：董　伟
责任编辑：周海燕
封面设计：崎峻文化
策划制作：崎峻文化·左立

出版发行：人民日报出版社
社　　址：北京金台西路 2 号
邮政编码：100733
发行热线：（010）65369509 65369527 65369846 65363528
邮购热线：（010）65369530 65363527
编辑热线：（010）65369518
网　　址：www.peopledailypress.com
经　　销：新华书店
印　　刷：重庆共创印务有限公司

开　　本：787mm×1092mm　1/16
字　　数：235 千字
印　　张：17.5
印　　次：2016 年 1 月第 1 版　　2016 年 1 月第 1 次印刷

书　　号：ISBN 978-7-5115-3476-7
定　　价：69.80 元

Contents 目录

前 言

铁路是第一次工业革命的一大发明创造，它不仅极大地推动了人类交通的运输进步，还在很大程度上改变了战争的面貌，使部队的集结规模、机动速度都大大超过之前的时代。同时，铁路自身也催生出一种独特的武器系统，这就是装甲列车（Armoured Train），这种加装了装甲和武器的列车具备很强的机动性，恰如1座在铁路线上来去自如的火力堡垒。自19世纪中叶诞生以来，装甲列车曾在19世纪末至20世纪初兴盛一时，当时各军事强国都竞相发展、装备装甲列车，但是在一战之后，随着飞机、坦克等新型兵器的出现和发展，装甲列车的发展逐渐衰落，至二战结束时已经基本退出战争舞台。

但是，历史不乏例外，有一个国家却在长达一个多世纪的时间里对装甲列车情有独钟，这就是苏联及其继承者俄罗斯。俄国军队装备装甲列车的历史可以追溯到沙皇时代，并在1904年至1905年的日俄战争中得到实战应用。在1917年十月革命后，苏维埃政权的武装力量更是成功凭借装甲列车的优势在与国内外敌对势力的武装斗争中不断取得胜利，最终赢得了内战的胜利。正是在这一时期，苏联军队建立起了对装甲列车的难舍情节。在两次世界大战之间及二战时期，尽管装甲列车在很多方面已经不适应新的战争形式，但苏联仍不遗余力地发展装甲列车，成为二战中唯一大规模装备和使用装甲列车的国家。在二战结束后，苏联人依然没有放弃装甲列车，并且在远东、边疆地区继续部署这一武器，执行特定的任务，这一传统也被后来的俄罗斯所继承，在21世纪初的车臣战场上让装甲列车再度复活。

武器是为战争服务的，它可能随着战争的结束而消亡，但只要其在战争中为人们作出了贡献，那它是不可能为人们所忘记的。吐着阵阵黑烟隆隆向前的装甲列车在俄罗斯人心中永远是强大的、不可战胜的精神支柱。装甲列车是苏俄军事史上最富传奇色彩的武器系统之一，本书将以大量珍贵的历史照片，配以简明扼要的文字介绍，向读者朋友们展示从1917年至21世纪初苏俄装甲列车的发展历史和丰富的技术细节，重温那金戈铁马的战争岁月中红色钢铁长龙的卓然风采。

唐 浩

2015 年 11 月

装甲列车的历史

装甲列车是一种以铁路机车及其车厢为基础设计或改装的，配备火炮、机枪等武备且具备装甲防护能力的，沿铁路线进行机动作战的武器系统。一列精心设计的装甲列车通常由一台或多台装甲列车车头和若干经过改装承载着各式武器、兵员、给养物资的铁路车厢构成，具有防护完善、火力强大、机动迅速、自持力强的特点，是工业化时代陆地战场上最具特色的战斗车辆之一，通俗地说装甲列车就是1座沿着铁路线呼啸驰骋的移动钢铁堡垒！

装甲列车起源于19世纪中叶，当时在欧洲大陆和北美，铁路交通正以惊人的速度和规模发展，铁路运输在军事动员、战场机动、后勤补给方面的重要作用也被各国军界所重视，并且产生了将普通列车装甲化、武装化的想法，使其能够在战区运行并应对各种威胁，成为一种功能强大的作战平台，装甲列车由此产生。早在1861年至1865年的美国内战以及1870年至1871年的普法战争中都出现了装甲列车的身影。

值得注意的是，在铁路路网高度发达的欧洲，装甲列车的发展与各国军队中铁路工程部队的出现和发展是紧密联系的。铁路工程部队与我国建国初期组建的铁道兵相似，尽管各国在装甲列车的设计、内部结构、长度、武器装备上不尽相同，但铁路工程部队的任务在很大程度上却是相似的：在和平时期负责修建具有重要战略价值的铁路和涵洞，改进施工方法，进行铁路工业设备的最终测试和修建如桥梁和铁路枢纽站等重要的铁路附属设施。在从事此类工程时，铁路工程兵要比普通的民间施工队伍更有效率、更具保密性，成本

■ 1861年美国内战时期的装甲列车，用以保护铁路工人。

也相对较低；而在战时，铁路工程部队要负责铁路的保护、修复，确保铁路军事系统的正常运行，必要时还要直接参与前线作战，此时装甲列车就是铁路工程部队的首选武器。在1900年时，有14个欧洲国家的军队建立了铁路工程部队，一些规模较小的国家如比利时、保加利亚、荷兰和丹麦各自编有一个铁路工程兵连，而奥匈帝国编有两个营，德国则有27个连，规模最大的是俄国，总共有35个连。在俄国军队中，每个铁路工程兵连编有4名军官和123名士兵，在战时这一员额还将增加到260人之多。

19世纪末至20世纪初是装甲列车的兴盛时期，这种武器被广泛运用于世界各地的战场上，比如在1880年至1881年的第一次布尔战争，1899年至1900年的第二次布尔战争，1904年至1905年的日俄战争，1914年至1918年的第一次世界大战，1918年至1920年的苏俄内战等等。在一战爆发时，欧洲各参战国均有装甲列车部署到战场上，比利时、法国、英国至少将一列装甲列车派往前线，而德国军队序列中编有15列装甲列车、奥匈有10列，俄国有4列。尽管数量不少，但由于前线极度恶劣的条件，装甲列车在其参与的军事行动中

■ 1915年一战期间在奥匈军队中服役的装甲列车。

并没有多少大显身手的机会，很难作为一线战斗力量使用，主要用于保卫后方交通线，到战争后期，德国和奥匈军队保有的装甲列车数量仅有开战时的一半。

■ 1899年第二次布尔战争中英军使用的装甲列车。

■ 1944年斯洛伐克起义中起义者装备的一列装甲列车。

在一战后，由于装甲列车自身的弱点——其机动依赖于铁路线，一旦铁路遭到破坏，装甲列车就将丧失机动性而陷入被动——以及面对空中威胁时的脆弱，其军事价值明显下降，但是并未就此淡出战争舞台，实际上到二战时期，各国军队中仍有数量不少的装甲列车服役，尤其是苏联和德国。此外，波兰、捷克、英国、加拿大、日本等国都有使用装甲列车作战的记录。在1939年的波兰战役中，数量不多的波军装甲列车冒着德国空军的猛烈空袭，进行了顽强而出色的战斗，根据记录，在9月17日和18日两天有6个师的波兰部队乘装甲列车由东部转移至西部战线。正由于目睹了波军装甲列车的表现，德军才考虑将这一武器重新运用于战场上。苏联在二战爆发时拥有世界上规模最大的装甲列车部队，尽管在1941年的战事中损失很大，但新造的装甲列车迅速填

补了空缺，并一直奋战至战争结束。在1944年斯洛伐克起义中，起义者也动用了三列装甲列车对抗德军及其仆从军。加拿大军队曾使用一列装甲列车巡视太平洋沿岸地区，防备日本可能的入侵。在1940年，英国至少改装了12列装甲列车以应对德军迫在眉睫的登陆。

二战结束后，随着战争形态的巨大变化，装甲列车终于迎来了迟暮时刻，各国军队都不再将装甲列车作为常备武器，不过在战后的一些局部战争中偶尔还能出现装甲列车的活动，比如在1946年至1954年的第一次印度支那战争中，法国军队就曾使用一列装甲列车作为机动作战力量。及至冷战后，在20世纪90年代前斯拉夫地区的内战中以及21世纪初第二次车臣战争中，仍有装甲列车参与作战行动，应该说在某些特殊的作战环境下，这种古董级武器仍有发挥余热的机会。

苏俄装甲列车概说

在历史上装备使用过装甲列车的国家中，没有一个能够超越俄罗斯（苏联）的。这个地跨欧亚大陆的庞大国家对装甲列车可谓情有独钟，曾经拥有世界上数量最多的装甲列车，在其实战运用方面积累的经验也远远多于其他国家，尤其是在苏维埃政权建立初期的内战时期，交战双方都大量使用装甲列车，规模之大甚至超过后来的二战。

俄国军队使用装甲列车的历史可以追溯到19世纪晚期的沙皇时代。在1900年中国爆发义和团运动时，驻俄国远东地区的装甲列车及其搭载的200名士兵加入了各国列强组成的八国联军，开赴京津地区，镇压中国民众的反抗运动，并于同年8月攻占北京，这是俄国装甲列车参与的早期军事行动之一。在1904年至1905年的日俄战争中，俄军装甲列车给外界留下了深刻的印象，尽管这场战争以沙俄的失败而告终，但7个俄国装甲列车营依然在日军面前证明了他们的实力。在某次战斗中，两列俄军装甲列车在面对优势日军的疯狂进攻时仍沉着应战，以猛烈的炮火给日军造成了重大杀伤，并成功地将其击溃，使己方战线免于崩溃。尽管这一记录未经确实，但战后俄国人依然相信是真实存在的，从后来俄军对装甲列车的热衷看，日俄战争的经验应该起到了相当的作用。

在第一次世界大战期间，俄国的装甲列车归属于铁路工程部队指挥，它们都拥有几乎同样的配备：每列装甲列车装备有2门76.2毫米火炮和多达20挺重机枪。最初，这些枪炮不能进行全方位射击，它们被安装在有装甲保护、只能有限旋转的炮塔内和四周带有装甲防护的敞蓬货车车厢上，炮塔和车厢只留出小孔用于对外射击。列车前后的枪炮只能在列车行驶的方向上向前或向后射击而不能左右环顾，这种类型的结构后来被俄国军队中的一种装甲铁路平板车所采用。直到一战中后期，俄军装甲列车才装备可以在旋转炮塔上进行全方位射击的火炮。在战争早期阶段，靠近前线的铁路线遭受很大破坏，俄军装甲列车在那个时期没有发挥多大的作用。据俄国专家说，与西部前线的经历相反，只有当战斗发生在合适的地点时，装甲列车才能够有效地支援地面部队。

■1914年俄国陆军装备的装甲列车。在19世纪末20世纪初，沙皇俄国与其他强国一样，建立并发展了装甲列车部队。

■ 上图及下图是苏俄军队早期装甲列车上装备的76.2毫米野战炮，实际上就是将陆军火炮直接搬到火车上作为武器。

使用前线的分支轨道，装甲列车能够迅速地做出反应，占据有利位置，并且能够根据形势变化迅速赶到前线最危险的地区。在一战时期，俄军的装甲列车根据装备武器的不同大致分为轻重两种型号，轻型装甲列车装备76.2毫米以下的中小口径火炮，而重型装甲列车配备105毫米或152毫米大口径火炮。

然而，具有讽刺意味的是，直到1917年十月革命之后，装甲列车在苏俄内战时期才真正得到广泛的使用。在这场战争中，装甲列车不仅被白军和红军大量装备和使用，也被外国干涉势力的军队加以使用，由被俘的前奥匈帝国军队的捷克士兵组成的捷克斯洛伐克军团曾利用装甲列车控制了相当长一段的西伯利亚大铁路。这一时期，大型铁路工厂遍布俄国各地，这为建造、改装和维修装甲列车提供了极为便利的条件，在莫斯科（Moscow）、彼得格勒（Petrograd）、哈尔科夫（Kharkov）、卢甘斯克（Lugansk）、基辅（Kiev）

■ 1917年苏维埃政权掌握的第12号装甲列车在彼得格勒的一幅留影。在俄国革命及随后的国内战争中，装甲列车发挥了重大作用。

■ 左图是俄国内战时期一列装甲列车的火炮车厢，1门野战炮被置于方形装甲炮塔内，安装在平板车厢的旋转基座上。

■ 下图是俄国内战时期的一台装甲火车机车，摄于1918年的伊尔库茨克，车头上下都被装甲板严密覆盖。

■ 苏俄红军的第85号装甲列车及其车组成员的合影,这部列车于1918年底在诺夫哥罗德建造完成,配有6门火炮。

等地的铁路工厂车间里,工人们几乎都忙于为交战各方建造和改装装甲列车。那些临时改装的装甲列车是由铁路运煤车发展而来,将其四周车厢壁进行切除修改,安装上机关枪,与平常安装枪炮的简单武装平板车厢外形差不多,车厢和沙包构成了临时的装甲,但重要火车头却还没有得到应有的保护。相比之下,由彼得格勒的普梯洛夫工厂(Putilov)和伊索斯基工厂(Izhorskiye)的海军工程师设计的装甲列车拥有更完善的装甲防护和更精良的武器。苏俄红军在1919年10月曾尝试对装甲列车进行标准化设计,但是仅取得了有限的成功。到内战结束时,红军总共拥有103列各种类型的装甲列车。

在苏联时代,很多武器之所以能在战场上运用,很大程度上取决于领导人对其兴趣而不是其作战性能,装甲列车也不例外。斯大林执政时期是苏联装甲列车发展的黄金时代,因为约瑟夫·斯大林(Joseph Stalin)本人对这种外观威猛的武器十分偏爱。根据历史学家迪米特里·沃克甘诺夫(Dimitri Volkoganov)的说法,斯大林对装甲列车的爱好首先源于20年代他对另一位革命领袖,时任陆海军人民委员和革命军事委员会主席利昂·托洛茨基(Leon Trotsky)的强烈嫉妒,作为当时苏俄政权最高军事指挥官的托

洛茨基在视察部队时,身边不仅跟随着大队头戴红星尖顶帽的红军战士,还常常有两列装甲列车随行,威风异常。这种张扬的排场,连同托洛茨基本人的演说才能、充沛精力和声望都令斯大林将其视为威胁和挑战者。斯大林对装甲列车的钟爱还表现在1945年7月波茨坦会议前夕,他没有乘坐飞机赴会,而是选择乘坐内务人民委员会为其准备的8列装甲列车,完成从莫斯科到波茨坦的1923公里旅程(其中苏联境内1095公里,波兰594公里,德国234公里)。出于安全考虑,铁路沿线每隔一公里就要安排6～15个岗哨,苏联内务部队出动了17000人,编成11个警卫团,每团1515人,在铁路沿线进行警戒,关于这次行动的细节至今仍晦暗不明。

虽然获得最高领袖的青睐,但在二战时期苏军装甲列车却没有多少抢眼的表现。在1941年苏德战争爆发时,苏军拥有大量装甲列车,但是面对德军空地协同、凌厉迅猛的攻势,在第一年的作战中就损失惨重,不过在个别战斗中,苏军的装甲列车确实给德国入侵者造成了不小的麻烦。在战时建造的苏军装甲列车大多装有T-34或KV坦克的炮塔,还加装了防空武器,强化对空防御能力,还有少数装甲列车加装了海军舰炮,作为机动重炮使用。

■ 上图是1942年冬季正在列宁格勒郊外作战的第7"波罗的海水兵"号装甲列车，照片中最右边是带有防盾的12.7毫米德什卡重机枪，由近及远可以观察到4门21K型45毫米速射炮，列车最后端的平板车厢上安装的是2门100毫米高平两用舰炮。在列宁格勒战区作战的苏军装甲列车很多都配备了海军舰炮。

■ 下图是1942年1辆苏军装甲列车与其车组成员，可以看车辆顶部用于架设防空武器的装甲防空塔，机车头位于列车中央，在照片右侧可以看见1座标准的T-34/76型坦克炮塔，这是二战时期很多苏军装甲列车的标准武器。

随着二战的结束，很多人认为装甲列车也将就此谢幕，但事实并未如此，至少苏联人对装甲列车有一种难以割舍的情结。在战后的苏联档案中，人们依然可以发现苏联军事部门继续使用和发展装甲列车的线索。在1975年东德播放的一部名为《胜利的果实》的纪录片就提供了相关证据，影片中出现了一列现代化的装甲列车：在火车底盘上装备了电动控制的四联装防空炮、T-62坦克的炮塔，并由内燃机车牵引。一名苏联坦克军官当时曾对此装甲列车提出了自己的看法："关于在目前情形下继续使用装甲列车是否具有实用性，这一问题很难作出回答。"无论如何在那个时代，大多数军官都主张在装甲列车上放置重型防空炮和完整的坦克炮塔，这是非常必须的。不过，苏联军方很清楚，由于装甲列车自身的局限性，它很难作为一线武器使用，至多用于后方警戒，扮演着运输和联络的角色，运载部队装备穿越广阔的沙漠或一望无际的针叶林，将兵力迅速投送到目的地。

有资料表明，在70年代初期中苏关系高度紧张时，苏联军队至少改装了4～5列装甲列车，用于保卫西伯利亚大铁路。与之前的装甲列车不同的是，这些列车更像是一支由火车运载的机动装甲部队，每列火车上运载10辆主战坦克、2辆轻型两栖坦克、数辆自行高炮和数辆装甲运兵车，此外还有各种供给车辆和铁路维修设备，上述车辆都被置于平板车厢或特制的车厢内，在列车的不同部分会加装5～20毫米厚的装甲。在1990年纳戈尔诺-卡拉巴赫战争的初期阶段，苏联陆军曾使用这些装甲列车威吓民族主义者的准军事部队。在1999年至2009年的第二次车臣战争中，俄联邦军队再次启用了装甲列车，用于对抗车臣叛军对铁路线的袭扰。

在现代战争条件下，常规装甲列车已经难有作为，但是苏联在冷战后期创造性地开发了铁路机动洲际导弹系统，即将装甲列车作为弹道导弹的运载／发射平台，也就是出名的"导弹列车"，从而赋予装甲列车特殊的新含义。苏联的"导弹列车"装备了射程超过10000公里，配备10枚核弹头的SS-24洲际弹道导弹，并随车配备了导弹发射所需的一系列配套设备，平时伪装成普通列车，一旦进入遍布全国的铁路网后将极难发现，有效提高了发射系统的隐蔽性、生存性和攻击突然性，增强了核打击的威慑力。从1987年开始，苏联战略火箭军陆续部署了12列导弹列车，每列配备3枚导弹，成为令西方世界闻之色变的终极大杀器。随着冷战结束，国际形势的变化，加之财力窘困，维护困难，俄罗斯中止了"导弹列车"的发展，已经服役的"导弹列车"于2005年停止运行。但是，近年来俄罗斯受到欧美的大力压制和威胁，作为应对，不断强化核威慑能力，就在2015年9月有消息称俄罗斯将重启"导弹列车"，这让人禁不住又回忆起其老前辈装甲列车的昔日荣光。

■ 收藏于俄罗斯博物馆中的前苏联"导弹列车"，可以视为装甲列车在现代核战争条件下的衍生型号。

战火的洗礼

苏俄武装力量的装甲列车部队的诞生和发展一方面继承了沙俄的遗产，另一方面基于苏维埃政权建立初期面临着严峻的内外威胁，需要与国内叛乱势力和外国干涉军进行艰苦的军事斗争，对装甲列车这种颇具威力的武器有着强烈的需求。

根据苏联方面的原始资料，苏维埃武装的装甲列车首次参战甚至早于正规红军的建立。1917年11月20日，在斯坦尼特沙舒罗滨（Stanitsa Shlobin）以北15公里的地方，一列由革命武装控制的装甲列车第一次参与了战斗行动，在该地攻击了白匪军都克宁部的最高指挥部，装甲列车用其配备的枪炮在一个步兵团和一支骑兵部队的支援下对敌军展开猛烈攻击。在此次战斗中，装甲列车搭载的突击部队，与伴随步兵、骑兵在装甲列车的有力炮火支援下成功达成了作战目的，他们之间的相互配合可以算是日后装甲列车典型联合作战方式的雏形。这种协同作战方式被苏联红军加以保留，并在第二次世界大战中得到发展，并将装甲列车的地位推向巅峰。

在1918年至1920年的国内战争期间，苏联红军始终致力于装甲列车的改进。为了进一步减少射击死角，他们要么在旋转炮塔中安装更多的枪炮，要么增加车厢侧面的射击孔，这些方面的改进经验后来在伟大的卫国战争期间更得到了淋漓尽致的发挥。同样地，火车机车的防护也被加强了，大量的装甲板将其包裹得如同铁壳乌龟一般，另外在列车的前后各加装了一节"扫雷器"车厢，即堆满沙袋的平板货车，以提前引爆埋设在

■ 苏俄红军第49号装甲列车的装甲机车头，于1919年改装完成。在内战时期，红军大量使用装甲列车作战，其数量最终超过百列。

■ 1919年夏，即将交付白俄部队的"长官"号装甲列车与其建造工人和车组乘员的合影，其火车机车采用燃油锅炉。

铁轨上的地雷，确保列车主体的安全，这是当时装甲列车的标准配置。在红军掌握下的装甲列车通常拥有火力强大的武器，而同期的外国干涉军和白俄军队的装甲列车就相形见绌了。正由于红军掌握了这一优势，所以在内战初期阶段很多铁路沿线的局部战斗中，红军都积极主动地将装甲列车投入战斗。特别需要说明的是，当时在幅员辽阔的俄罗斯缺少飞机，公路状况也极度恶劣，铁路就成为部队机动和交通运输唯一快捷安全的方式，从而使装甲列车得到广泛应用。有人毫不夸张地说，1917年秋季之后在俄国土地上发生的所有主要战斗都以拥有较强装甲列车的一方为胜利者。由于装甲列车的优异表现，铁路工厂的工人们不但要日以继夜地赶造新装甲列车，还要频繁地改装已有的装甲列车，以提高其战斗效能。至1918年时，红军已经拥有了23列装甲列车，到1919年末这个数字上升到59列，而临近内战结束时装甲列车的数量更是达到103列之多。在第二

次世界大战中，一些内战时期的老旧装甲列车被重新修复和进行现代化改造，继续在前线服役以弥补战争初期苏军遭受的严重损失。

基于内战时期的作战经验，苏军对装甲列车在战斗中的任务和使用原则制定了详细的条令。在进攻作战中的任务要求，首先确定主攻方向，对该方向的轨道设施状况进行侦察；快速完整地夺取敌方的铁路设施，突破敌方战线；协调己方部队的攻势，对敌方阵地进行炮火攻击，支援掩护己方部队；快速追击溃退的敌人；与敌方装甲列车进行作战。在防御作战中，装甲列车的主要任务为阻滞敌方进攻，对敌方进攻进行反制；掩护己方部队撤退；担任要地防御。在支援作战中，装甲列车用炮火掩护步兵；负责铁路沿线的对空防御、排障和对后撤部队的收容集中，以及承担指挥通讯等任务。装甲列车与普通的野战炮兵相比有一个主要的优点：装甲列车可以快速开火，甚至在移动的情况下也能稳定地快速射击，其炮

火可以迅速压制敌军，其自身还可以携带大量的弹药，能够持久作战。此外，还能够为其载员提供免受枪林弹雨的全方位防护，以此来运送地面部队安全抵达作战地域。每列装甲列车都是一个独立完整的单位，车上各种战斗及生活设施一应俱全，能完全不依赖外部支援执行独立的战术任务。为了保证炮击的准确性，有些苏联装甲列车还专门携带一个热气球用来观测和校射。一旦装甲列车占据了有利位置，指挥官就通过电话联系指挥各战斗部门，使骑兵和步兵能够得到来自装甲列车的有效支援。

苏联红军首次大规模使用装甲列车是在1918年10月争夺察里津（Tsarytsyn）的战役期间，装备50门火炮的12列装甲列车灵活巧妙地沿城市四周的铁路线机动，以它们强大的炮火支援友军作战，配合其他红军部队成功地扭转了战局，快速解决了战斗。这次战役的指挥者正是时任北高加索军区军事委员会主席的斯大林，装甲列车的强大威力给他留下了深刻印象。为了提高装甲列车

的设计水平和作战性能，在1918年后半年它们就不再由前线的工厂仓促临时改装而成，而是安排在专门车间进行建造，6～8毫米厚的钢板替代了车厢上原有的木板和沙包，整个车厢被装甲包裹得严严实实。带有装甲防护的机车头已经得到了普及，所有小口径火炮都被安装在可以旋转的炮塔内，机关枪放置在车厢侧面的枪眼或可开闭的射击孔上，它们的火力将覆盖火车的四周。更有甚者，有几列装甲列车还搭载了海军用的100毫米或120毫米舰炮，进一步提高了射程和威力，成为机动装甲炮台，它们在后来的海岸防御体系中是作为独立的铁道炮部队来使用的。

在内战时期，苏联红军的装甲列车主要由普梯洛夫，伊索斯基和欧布克霍夫斯基工厂（Obukhoviski）生产的，为了使各个工厂生产的繁杂车型能够达到同一标准，红军的机械化部队委员会做出规定，将装甲列车分为两个级别，第一级别的装甲列车由列车前后的运输车厢（运载工具、预备给养和技术设备），列车中部的机车

■ 1918年秋季参加察里津战役的红军"切尔诺莫列茨"号装甲列车，在这次战役中红军凭借装甲列车的机动作战取得优势。

头以及车头前后的武装车厢组成，列车装备的最大口径火炮为75毫米。第二级别的装甲列车在车厢的排列顺序上与第一级别一致，但是必须装备100～150毫米口径的重型火炮。每列装甲列车必须配备37～172名成员，装备2～4门火炮和4～16挺机枪。在1919年3月，红军的装甲列车仅仅分为重型和轻型，但在1920年之后则实行A型、B型、W型的分类方式，各型装甲列车的技术标准诸元参见表格。

1918年至1920年间苏俄装甲列车的类型									
列车类型	年份	车组人数（人）			武器装备（门/挺）		弹药储备（发）		编组构成（台/节）	
		总数	战斗人员	后勤人员	火炮	机枪	炮弹	机枪子弹	装甲机车	装甲车厢
临时改装型号	1918	95	71	24	2	12	400	72000	1	2
	1918	136	98	38	2	12	1350	216000	1	2
	1919	172	137	35	4	16	1200	210000	1	2
A型	1920	162	137	25	4	16	1200	210000	1	2
机动装甲货车	1919	15	–	15	1	–	80	1200	1（+）	1
B型	1920	15	–	15	1	–	80	1200	1（+）	1
W型	1920	27	21	6	1	2	160	6000	1	1

■ 上图是俄国内战时期苏俄红军装备的部分装甲列车的侧影，显示出不同列车的编组形式：
A. 彼得格勒第3号、彼得格勒第4号装甲列车和第44号装甲列车的防空装甲车厢；B. 彼得格勒第2号装甲列车；C. 第41号装甲列车；D. 第87号装甲列车；E. 第45号装甲列车；F. 第14号装甲列车；G. 第85号装甲列车；H. 第71号装甲列车；I. 第3、第7、第10、第12号装甲列车；J. 第20号装甲列车；K. 第100号装甲列车；L. 第64号装甲列车；M. 第67号装甲列车；N. 第4号装甲列车；O. 第17号装甲列车；P. 第89号装甲列车；Q. 第98号装甲列车；R. 第27号装甲列车；S. 第60号装甲列车；T. 第34号装甲列车；U. 第96号装甲列车；V. 第2号装甲列车；W. 第1号装甲列车；X. 第6号装甲列车（早期状态）；Y. 第6号装甲列车（后期状态）；Z. 第36号装甲列车。

ИМЕНИ
ТОВ. ЛЕНИНА

ВСЯ
Власть Совѣтамь

ТОВ.ЛЕНИН

■ 第6号装甲列车"向列宁同志致敬"号彩色侧视图，这列装甲列车由彼得格勒普普洛夫工厂建造，包括一台机车和两节火炮车厢，每节火炮车厢装有2座配置1门76.2毫米炮和2挺机枪的炮塔，在车厢两侧还有4挺机枪，机车侧面书写着列车称号，后方煤车侧面的标语是"一切权力归苏维埃"。

■ 第36号装甲列车"列宁同志"号彩色侧视图，建造于1918年，有两节火炮车厢，每节车厢装有1门76.2毫米炮和6挺机枪（每侧3挺）。

Первый Бронебашенный поезд
СОВЕТСКАЯ РОССИЯ

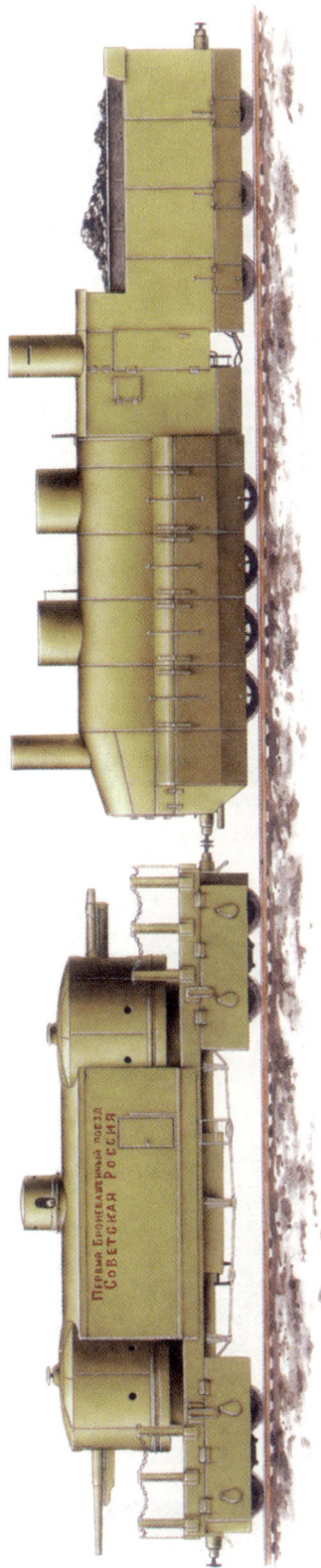

■ 第98号装甲列车"苏维埃俄国"号彩色侧视图，这列装甲列车包括一台机车和两节火炮车厢，每节火炮车厢装有2座圆柱形旋转炮塔，其中前部炮塔装备1门107毫米炮，后部炮塔装备1门76.2毫米炮，在车厢顶部的机枪塔内还有1挺机枪。

■ 第96号装甲列车"红色飓风"号彩色侧视图，这列装甲列车包括一台机车，两节形似坦克的火炮车厢和一节防空车厢。每节坦克形火炮车厢上装有1座旋转炮塔，内置1门76.2毫米炮，在炮塔顶部并列设有2座机枪塔，配置2挺机枪。防空车厢一端的开放炮位上是1门76.2毫米高射炮，在车厢两侧配置10挺机枪（每侧5挺）。

■ 第63号装甲列车"粉碎反革命"号彩图，该车配有两节不同的火炮车厢，一节装有1门带防盾的76.2毫米炮，另一节配有2座安装同型火炮的炮塔，注意火炮车厢四角带有活动防盾的机枪。

■ 第85号装甲列车彩图，该车配有三节不同的火炮车厢，在机车前方最前端的车厢安装2座方形炮塔，配置2门152毫米炮，其后方的第二节火炮车厢配置2门203毫米炮，机车后方的第三节火炮车厢内安装2门76.2毫米炮。

■ 上图是苏俄红军第36号装甲列车"列宁同志"号的部分车组成员在火炮车厢前合影留念，摄于1918年。这部列车建造于1918年，配置两节火炮车厢，从照片中可以观察到，其火炮车厢一端被改造为开放式的炮位，安装1门带防盾、可以旋转的76.2毫米野战炮。第36号装甲列车建成后被配属于南方面军，参与了与哥萨克匪军的战斗。

■ 下图是苏俄红军"西伯利亚第二"号装甲列车于1918年在乌克兰前线的留影，这部列车配有4节装甲车厢，安装有4门76.2毫米炮和18挺机枪，曾参加了察里津战役，后在1919年4月12日被白俄军队的"长官"号装甲列车俘获，更名为"为了长官的光荣"号。

■ 上图是1918年秋在察里津前线作战的一列红军装甲列车及其车组成员的合影，注意其装甲车厢上的火炮还保留着炮轮。这列装甲列车隶属于第10集团军的装甲列车大队，在1918年秋至1919年春在察里津战场作战。

■ 下图是一列编号不明的红军装甲列车，其装甲车厢的炮塔内装有1门76.2毫米炮，而炮塔顶部的76.2毫米炮用于防空，注意其机枪塔。

■ 上图是第90号装甲列车，该车于1919年秋季在布良斯克建造完成，每节装甲车厢设有2座旋转炮塔和4挺机枪，它在1920年配属于第14集团军参加了与波兰军队的战斗。

■ 右中图是红军"共产党员"号装甲列车的车组成员在列车前合影留念，注意其车厢上的火炮和机枪塔顶部架设的马克沁机枪，车厢周围用白色飘带加以装饰，车尾插着红旗，似乎准备进行一场巡游。这部列车属于在察里津前线作战的第10集团军。

■ 右图是第27号"风暴"号装甲列车及其车组成员，摄于1919年至1920年的冬季，当时该车隶属于第13集团军。这部列车配有两节装甲车厢，每节车厢装有2座旋转炮塔和6挺机枪，注意车体上涂绘了冬季迷彩。

■ 上图是第87号"国际主义"号装甲列车的火炮车厢,其旋转炮塔内装有1门76.2毫米炮和1挺机枪,车厢侧面还有2挺机枪,注意其迷彩涂装。

■ 左图是第59号装甲列车的火炮车厢,该车在布良斯克建造,每节车厢配有2门76.2毫米炮和4挺机枪,注意其条纹迷彩。

■ 下图是第49号装甲列车的火炮车厢,配有2座旋转炮塔,装备2门76.2毫米炮,该车在1919年被部署在南方战线作战。

■ 上图是第114号装甲列车的一幅留影，摄于1920年春季西南战区的敖德萨前线，其车体上涂绘了迷彩，两节车厢的样式并不相同。

■ 下图是"贝拉·库恩"号装甲车的装甲火炮车厢，其设计形如1辆坦克，在旋转炮塔内安装1门76.2毫米野战炮，而在炮塔顶部还设有小型机枪塔，安装机枪，其中近处的车厢仅有1座机枪塔，后方的车厢则有2座并列的机枪塔。

■ 上图是第44号装甲列车的防空车厢特写照片，摄于1919年3月，可见在方形装甲车厢内配置了3门76.2毫米高射炮。

■ 右图是第9号装甲列车的一幅战地留影，注意其机车头并未敷设防护装甲。当时第3气球营被配属于第9号装甲列车，提供侦察和校射支援。

■ 右图是第3气球营的士兵们在第9号装甲列车的车厢内合影留念，注意中间的汽车，他们利用汽车上的绞盘收放气球。

■ 在1919年5月，第23气球营被配属于"伏尔加河"号装甲列车，下图是该列车容纳气球的装甲车厢。

■ 上图是1920年夏季第12号装甲列车在布良斯克的60号基地内的留影。

■ 左中图是第34号"红军战士"号装甲列车在1920年冬季的留影，与车旁的哨兵相比，其旋转炮塔显得非常大。

■ 下图是1920年在下诺夫哥罗德建造的一列装甲列车，注意机车装甲驾驶室后方的柴堆，由于煤炭缺乏，内战时期的装甲列车常以木材为燃料。

■ 上图及下图是今日在莫斯科武装力量博物馆内陈列的一列装甲列车，其火车机车为1896年制造的No.5067号OW型机车，这列装甲列车建造于1917年，在二战期间重新服役，并在1943年9月接受了现代化改装，其编组方式与BP-43型装甲列车相同，注意其装甲车厢上的圆柱形炮塔和侧面的机枪射击孔。

两次世界大战之间的发展

在红军机械化部队委员会确立了装甲列车的标准后，从诺夫哥罗德（Novgorod）到新西伯利亚（Novosibirsk）的各军事基地和铁路工厂都开始着手按照新标准改装和建造装甲列车，这些新造的装甲列车将被用来组建一支预备队旅。

红军赋予装甲列车的基本任务是用车载火炮和机枪的强大火力支援部队完成其攻击任务，同时也要保护火车站和铁路枢纽。在1920年的苏波战争中，红军的装甲列车在与波兰军队的战斗中发挥了特殊作用。当时，红军步兵部队无法抗衡彪悍的波兰军队，于是红军指挥部让骑兵部队搭乘装甲列车前往形势危急的地点，发起出其不意的快速突袭，当波兰军队目睹喷吐火舌的装甲列车上突然跃出一群勇猛的红军骑兵，顿时阵脚打乱，其防御阵地在红军骑兵挥舞的雪亮马刀下瞬间崩溃，被插上了红旗。在1920年的对苏武装干涉中，波兰军官们对红军的装甲列车有着刻骨铭心的记忆："红军的装甲列车部队是我们最致命、最可怕的敌人，他们装备先进，果敢顽强，英勇威武。"

在经历了内战和与外国武装干涉军的战斗后，各级红军指挥员都不约而同地将装甲列车视为在铁路沿线和交通枢纽地带作战的不可或缺的利器。在尚未建立大规模装甲部队的情况下，红军逐渐形成了以装甲列车为中心进行机动作战的战术思想，并且对装甲列车的任务角色有了更为清晰具体的定位。从进攻的角度来说，在主力部队到达之前，装甲列车应该运载相当数量的步兵部队作为先锋开赴战区，通常每列装甲列车2～3个步枪排，大约90名武装士兵。如果是追击敌人的情形，装甲列车应该与骑兵一起配合使用，发动持续的高速攻击，让敌人失去任何重新集结和躲避的喘息机会。从防守的角度来说，装甲列车可以成为一个移动的火力点，配备有能够给予进攻之敌以毁灭打击的火力。他们在敌人面前能够出其不意地快速摧毁坦克、装甲车、火炮和步兵。在己方部队撤退期间，装甲列车将为其提供火力掩护。还有，他们还要肩负起保护铁路线和车站的任务。

在20世纪二三十年代，苏联红军的装甲列车隶属于机械化部队，两至三列装甲列车编为一个营，数个装甲列车营编为一个装甲列车团。为了配合装甲列车作战，在营团中还会配置一些加装装甲的人力驱动轨道车，用于通讯联络，后期这些轨道车被可以在铁轨上行驶的装甲汽车所取代。

在二战爆发前，苏军装甲列车部队使用的列车型号已经简化为几种，这是相关部门努力推行

■ 这是20世纪30年代苏联红军装备的一列装甲列车，其外形与内战时期的苏俄装甲列车有所不同，可能是缴获自敌方的战利品。

标准化制造的结果，为了达到统一的标准，军方在与火车制造厂签订生产合同时就将技术标准明确下来。机车头要求覆盖有全面的装甲防护，各节车厢的防御水平也要得到强化，特别是防空车厢和新型火炮车厢。在1917年的战争就已经表明，强有力的空中支援对于未来战斗的胜利将起到至关重要的作用，同时来自空中的威胁也将给现存的武器系统带来新的挑战，针对空中力量的运用和应对将是一个足以改变战斗进程的问题。不过，在20世纪20年代初期，受到当时航空技术水平的限制，人们普遍认为空袭并不足以对装甲列车构成威胁，只需部分机枪甚至1门大炮就足以应付防空任务，所以苏军在设计BP–35型装甲列车时，没有考虑配置能够覆盖整列火车的独立防空系统，只是在某节车厢上安装了几挺大仰角机枪而已。但是，随着航空技术的迅速发展，军用飞机的性能大幅提升，攻击力显著增强，促使苏军加强装甲列车的防空武备，在二战时期设计建造

■ 上图是20世纪30年代苏联官方报道中公开的装甲列车照片。

的NKPS–42型装甲列车上，高射机枪被安装在带有专门防空炮塔的车厢上，这极大地强化了装甲列车的对空火力和射手的战场生存能力。

■ 上图是30年代中期苏联陆军设计建造的BP–35型装甲列车，下图是二战爆发后在1942年建造的NKPS–42型装甲列车。在两次世界大战之间，苏联军方坚持发展装甲列车，并将其视为地面作战的重要手段。

■ 上图是1933年夏，一列隶属于独立装甲列车团的装甲列车在演习中的留影，巨大的铆接炮塔内配备了150毫米榴弹炮，让人印象深刻。

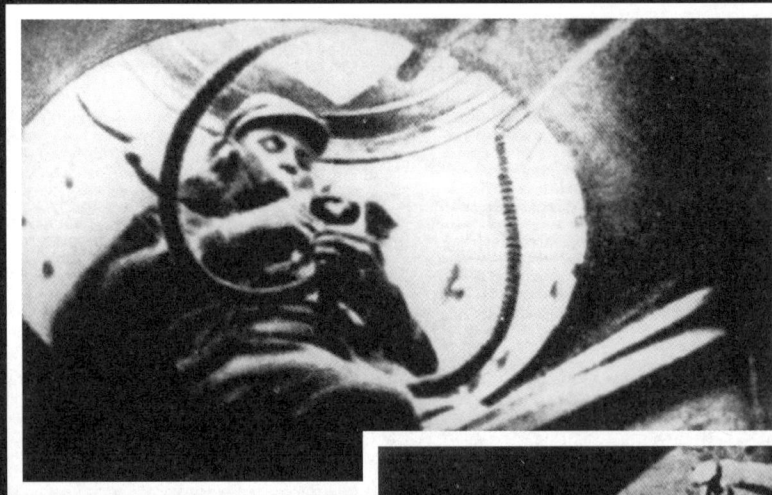

■ 上图是一位装甲列车的指挥官在列车指挥塔内部的留影，摄于30年代初期。指挥塔是整个列车的大脑，指挥官在此领导全车战斗。

■ 右图是装甲列车的150毫米榴弹炮炮塔内景，一名炮组成员正通过手轮控制炮塔旋转和火炮仰俯。

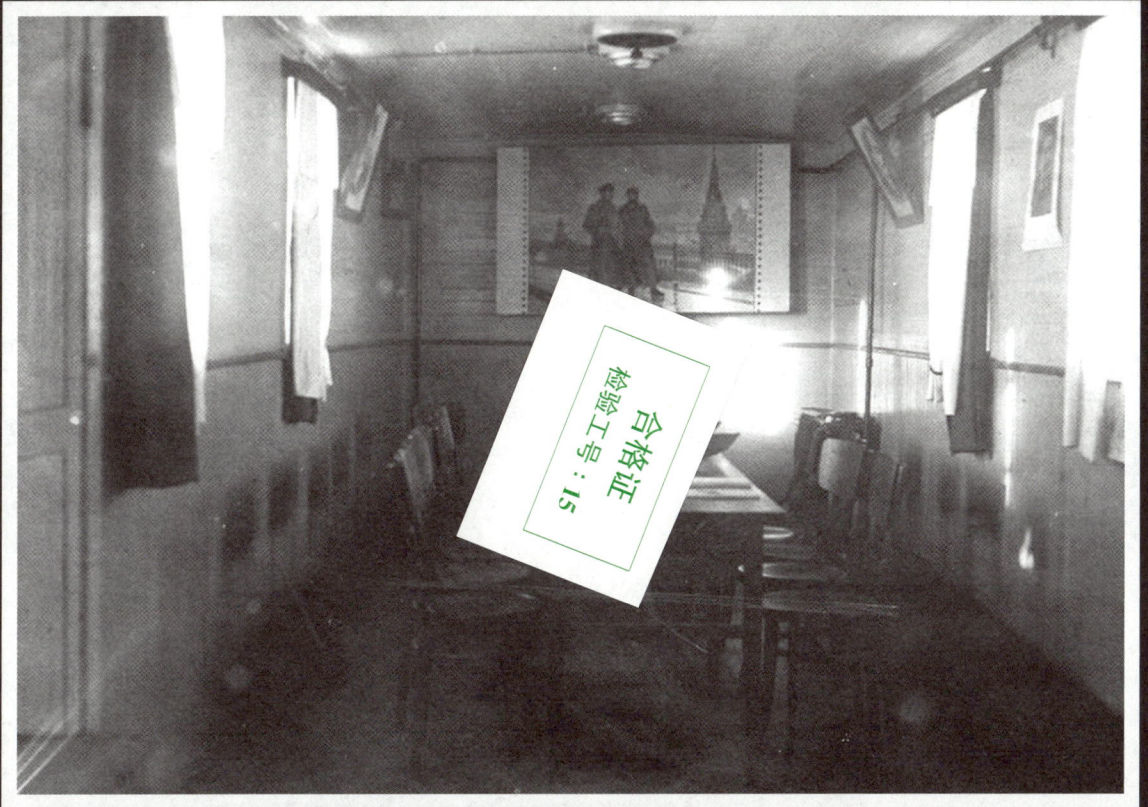

合格证
检验工号：15

■ 上图是30年代中期一列苏军装甲列车的豪华军官车厢的内景照片，可见正面墙上挂着一幅宣传画，两侧墙壁上悬挂着领袖肖像，采光良好的车窗都配有窗帘，车厢中间是供指挥官们开会和工作的桌椅。

■ 下图是1932年在60号基地生产的一列重型装甲列车，配有大型旋转炮塔和独立的指挥塔。

■ OB–3型装甲列车是苏军在30年代设计建造的一种典型的装甲列车，上图是建造完成，尚未加装武器的列车，可以观察到在机车前后各挂有两节装甲车厢。下图是 OB–3型装甲列车的火炮车厢近照，其旋转炮塔内安装1门76.2毫米火炮，在车体侧面还配置了2挺机枪，其装甲外形采用多面体造型，具有一定倾角，提高了防弹能力。

■ 下图是一列运载火炮的列车与一列 OB–3型装甲列车在同一个车站不期而遇，值得注意的是在 OB–3机车头后方的防空塔上装备有1座四联装马克沁机枪。

■ 上图是苏联官方在1930年代发布的一幅宣传照片，是"苏维埃亚美尼亚"号装甲列车的两名车组成员在装甲车厢旁的合影。从装甲车厢的外观特征判断，这列装甲列车应该是 OB-3 型，注意其炮塔的细节和车体装甲上的铆钉。

■ 下图是位于布良斯克的"红色国际工会"工厂的厂区，这座工厂从1933年至1941年间是苏联最大的装甲列车生产厂，代号60号基地。

■ 左图是1931年夏，在60号基地内拍摄的3703型装甲机车正面照片。

■ 30年代初期，在60号基地内俄国人研制出新的3703型装甲机车，它用于牵引现代化的索尔莫斯基型装甲列车。下图是从左前方拍摄的3703型装甲机车的照片，请注意该车车身上的电台天线和用于隐蔽观察的管状潜望镜。

■ 右图是1930年建造的7212型装甲机车正面照片，照片拍摄于1931年夏。

■ 7212型机车与3703型机车极为相似，但它拥有更大的装甲指挥塔，火车烟囱上的新型防火消焰罩也是其区别于3703型机车的标志之一，新型防火消焰罩使其能够有效减少燃煤锅炉排放的火光，以减少在夜间行动时被敌方发现的机率。

■ 上图是7212型装甲机车的右侧侧视图，可以更加清晰地观察到该车的侧面轮廓。

■ 下图是1931年在60号基地内拍摄的使用燃油锅炉的5866型装甲机车，使用该型机车的列车集中编成了第7装甲列车师，另有独立编制的第10和11号装甲列车也装备了该型机车。

■ 下图是1931年夏，在60号基地内拍摄的新型357型装甲列车的火炮车厢，配有2座大型旋转炮塔和1座小型指挥塔。

■ 上图是1931年在60号基地内拍摄的5866型装甲机车左前部照片，它将很快被配属给外高加索军区的第7装甲列车师。由于使用了液体燃料，排烟较燃煤锅炉明显减少，所以烟囱上取消了防火罩。

■ 下图是1931年夏，在60号基地内拍摄的5381型装甲机车，其外观上与5866型装甲机车颇为相似，但是从烟囱顶部的防火罩判断，该型机车仍采用燃煤锅炉。

■ 上图是5381型装甲机车的左侧视图，为了达到最大的防护能力，装甲机车全身上下都被装甲覆盖，开口极少。

■ 下图是1931年在60号基地拍摄的5381型装甲列车的火炮车厢侧视图，这种车厢安装了2座大型圆柱形旋转炮塔，各配置1门短身管76.2毫米炮和1挺并列机枪，在车厢侧面另有4挺机枪，每侧2挺，在车厢顶部中央设有1座小型指挥塔。

■ 右图是在60号基地拍摄的装甲列车车厢的正面照片，我们可清晰地看到车身和炮塔上成排的铆钉，即使在焊接技术日益普及的20世纪30年代，苏联装甲列车的制造仍然坚持采用铆接工艺。

■ 下图是在60号基地内拍摄的一节装甲列车火炮车厢，这节车厢生产于1932年，注意其炮塔顶部还有一个小型装甲塔。

■ 上图是1930年由60号基地生产的重型装甲列车车厢的正面照片，安装了1座大型圆柱形炮塔和长身管火炮。

■ 上图是1934年，在60号基地内拍摄的PR-35型装甲列车，请注意其安装多面体新型炮塔，注意车体侧面的机枪和出入舱门。

■ 下图是属于PR-35型装甲列车的一节装甲车厢，可以清楚地看到车厢侧面的凹型机枪射击孔和伸出的马克沁机枪枪管，其炮塔采用多面体造型，相较曲面造型的圆柱形炮塔在制造工艺上有所简化，便于生产。

■ 上图是处于战斗状态的 PR-35 型装甲列车的装甲车厢，清晰地体现出其武器布局，注意其中1座炮塔的顶部舱盖敞开。

■ 下图是1942年拍摄的 PR-35 型装甲列车的装甲车厢，2座炮塔全部转向车厢一侧，其武器布局可以使其在车厢一侧集中2门76.2毫米和4挺机枪对敌军目标实施攻击。

■ 上图是用于牵引 PR–35 型装甲列车的"红色国际工会"号装甲机车，其烟囱没有防火罩，应是采用燃油锅炉的新型机车，车体顶部的环状物是 71–ТК–1 型电台的天线。

■ 下图是 1939 年拍摄的 PR–35 型装甲列车的"红色国际工会"号装甲机车，与上图所示的列车相较而言，该列车只在烟囱前方加装了一盏车灯。

■ 上图是1939年生产的PL-37型装甲列车的火炮车厢，该型车厢是在PR-35型装甲火炮车厢的基础上改进而成。

■ 左中图是一节PL-37型装甲列车的火炮车厢，相比PR-35型列车的车厢，这种新型车厢换装了新设计的炮塔，其主炮也更换为长身管型76.2毫米炮。

■ 左图是1辆保存在芬兰博物馆内的PL-37型装甲列车的火炮车厢，它是唯一存世的该型车厢，是芬兰军队在1941年缴获的战利品。

■ 上图是芬兰保存的 PL-37 型装甲列车车厢的内景照片，这节车厢保存得十分完整，图中显示了车厢侧壁上安装了马克沁机枪的球型射击孔，右侧可见放置机枪弹箱的弹药架，左侧可看到旋转炮塔底部的吊篮。

■ 下图是 PL-37 型装甲列车车厢旋转炮塔的内景照片，该型车厢的炮塔内安装了 1 门 M1902/30 型 76.2 毫米火炮，炮塔内完整地保留了操炮机构和同轴机枪，火炮左侧上方是一个具有周视视界的指挥塔。

■ 上图是1937年至1940年间生产的BP-35型装甲火车的装甲机车，其构型完全依照60号基地的标准，但在技术上进行了一些改进，有些装甲机车采用了焊接工艺，还为装甲列车增加了防空塔。

■ 下图是1936年夏，隶属于外高加索军区第7装甲列车师的第29号装甲列车在参加演习时的留影，请注意驱动这部列车的是由60号基地制造的燃油锅炉型装甲机车。

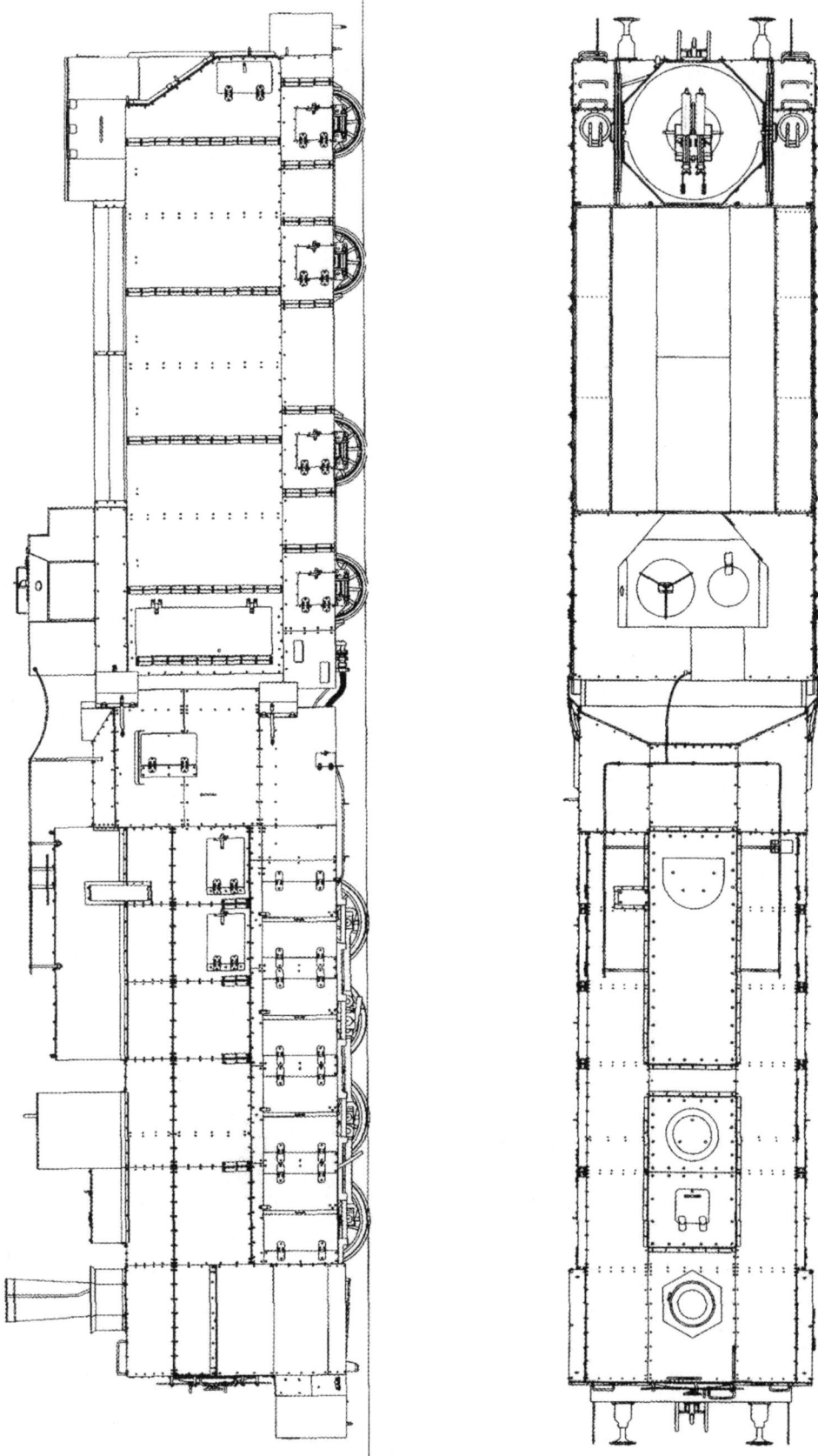

上两图是牵引 PR-35 型装甲列车的"红色国际工会"号机车双视图，请注意车体顶部扶手状的电台天线，该车尾部还设有可升降的防空塔。

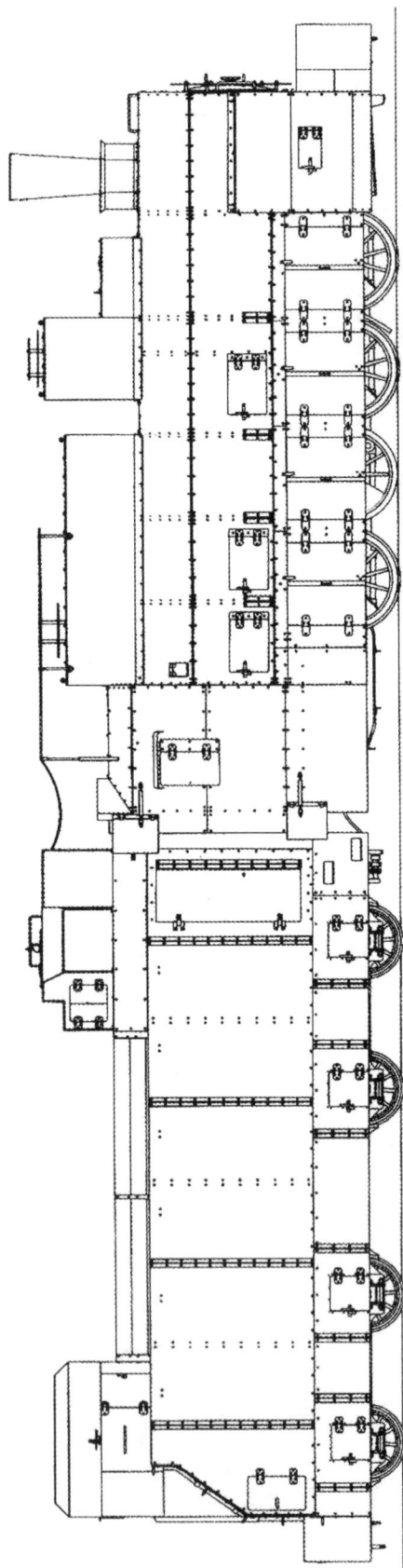

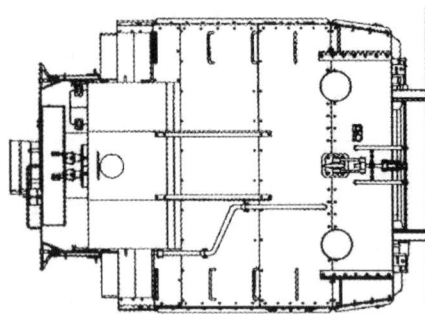

■ "红色国际工会"号装甲机车的右侧视图、正面及背面视图。

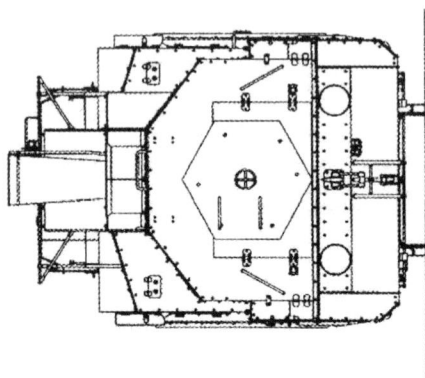

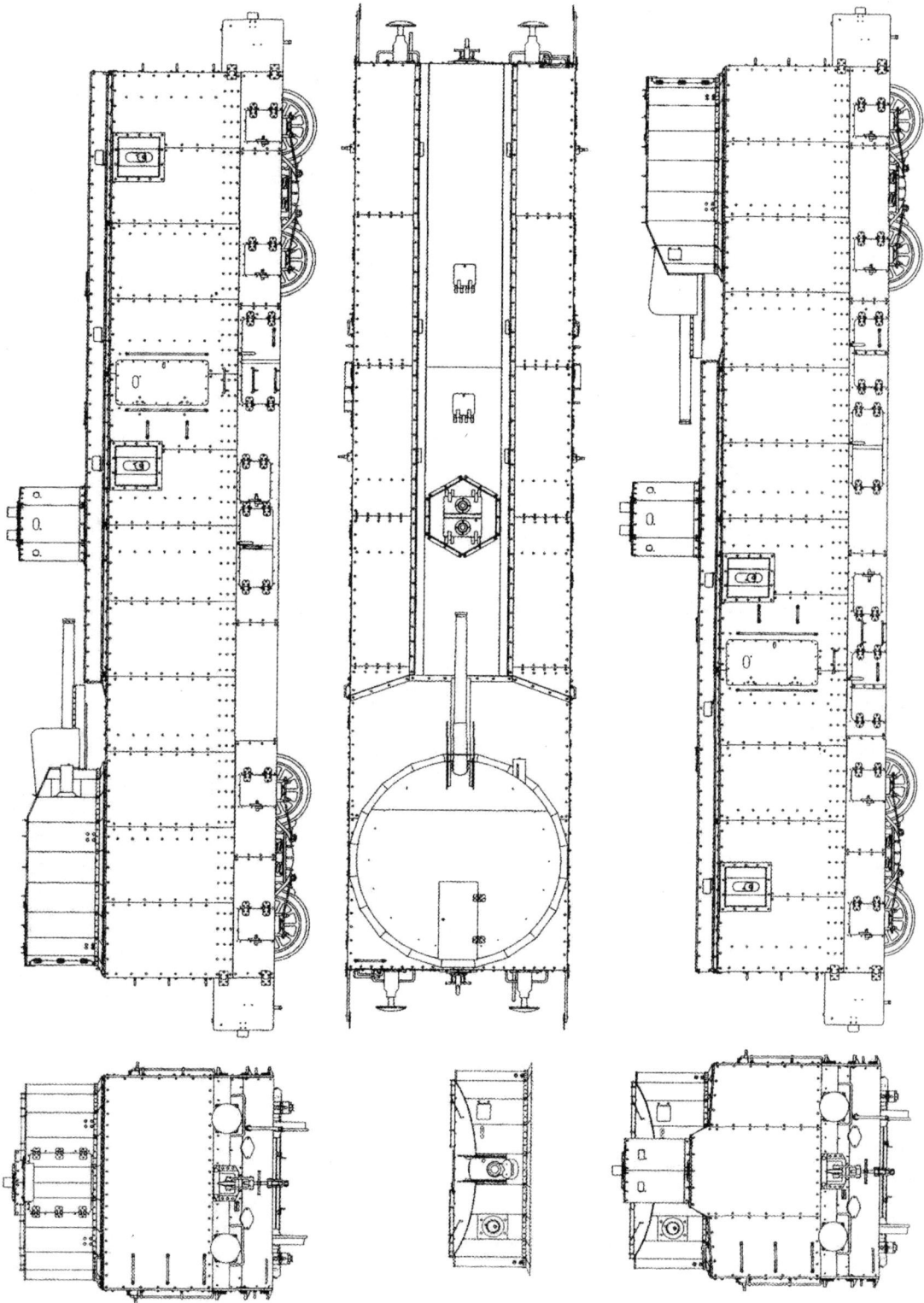

■ 本页组图是 60 号基地在 1933 年至 1934 年间生产的 PT-33 型装甲列车车厢的五视线图。

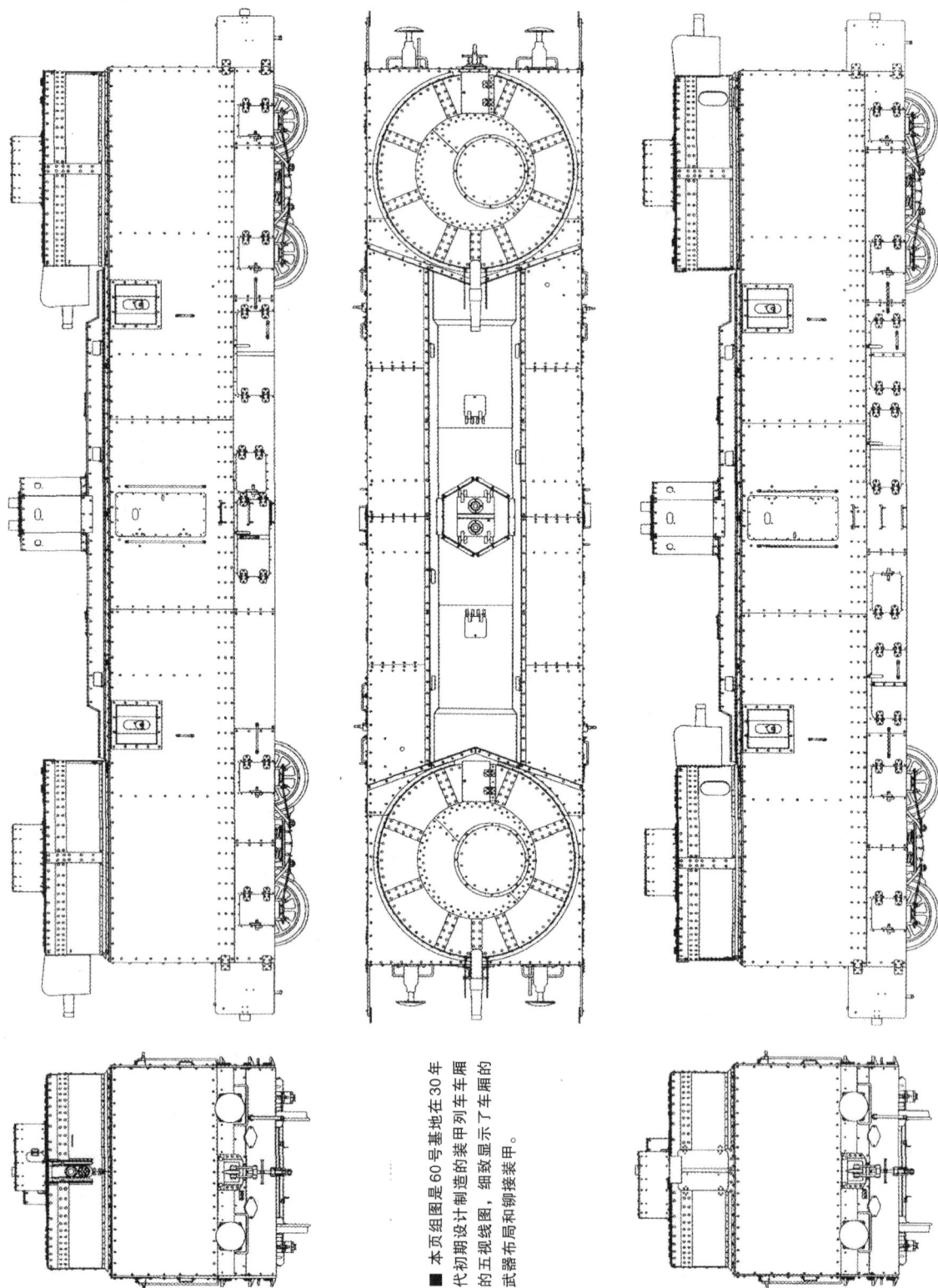

■ 本页组图是60号基地在30年代初期设计制造的装甲列车装甲车厢的五视线图，细致显示了丁车厢的武器布局和铆接装甲。

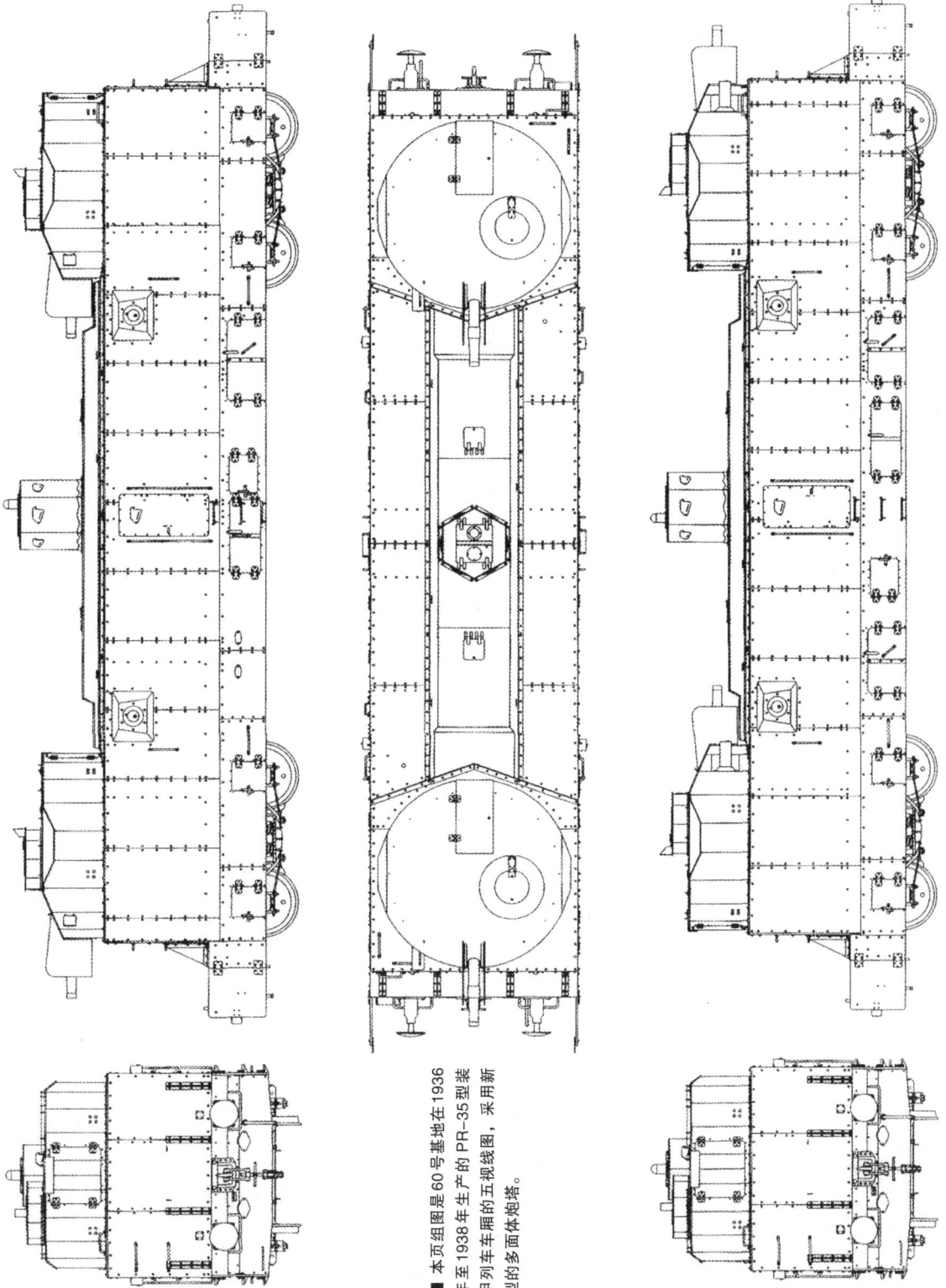

■ 本页组图是60号基地在1936年至1938年生产的PR-35型装甲列车车厢的五视线图，采用新型的多面体炮塔。

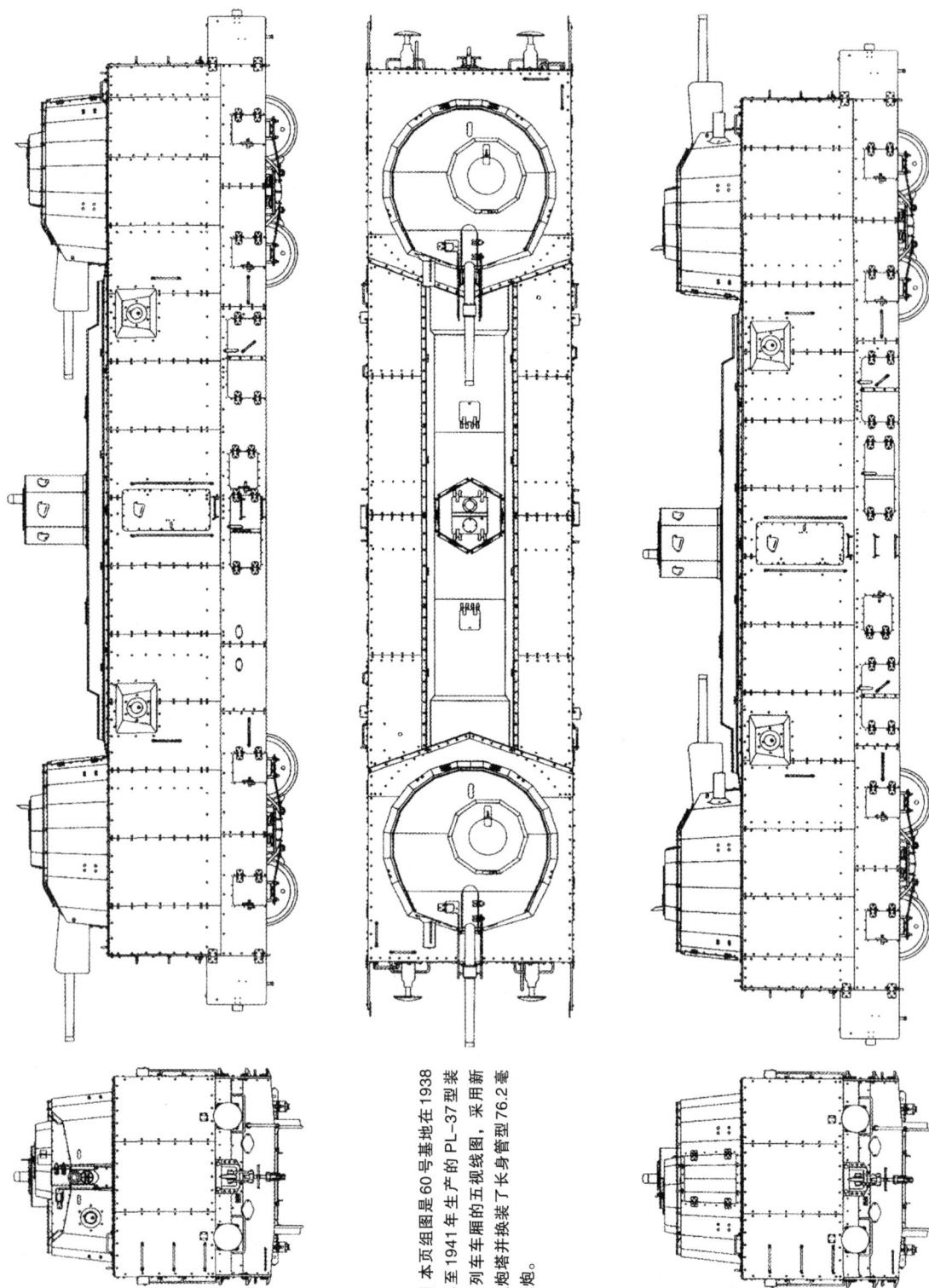

■ 本页组图是60号基地在1938年至1941年生产的PL-37型装甲列车车厢的五视线图，采用新型炮塔并换装了长身管型76.2毫米炮。

■ 上图是一节 NKPS-42 型装甲列车的装甲车厢，其巨大的多面体炮塔给人留下了深刻的印象，车体装甲和旋转炮塔都采用了铆接结构，武器配置上仍是装甲列车标准的2门76.2毫米炮和6挺机枪。

■ 下图是1938年苏联开发的一种超级秘密武器：FDT-3型轨道鱼雷，该鱼雷由固定在雷体载具两侧的蓄电池及电动马达驱动，专门用于攻击敌方装甲列车或重要的铁路枢纽设施。

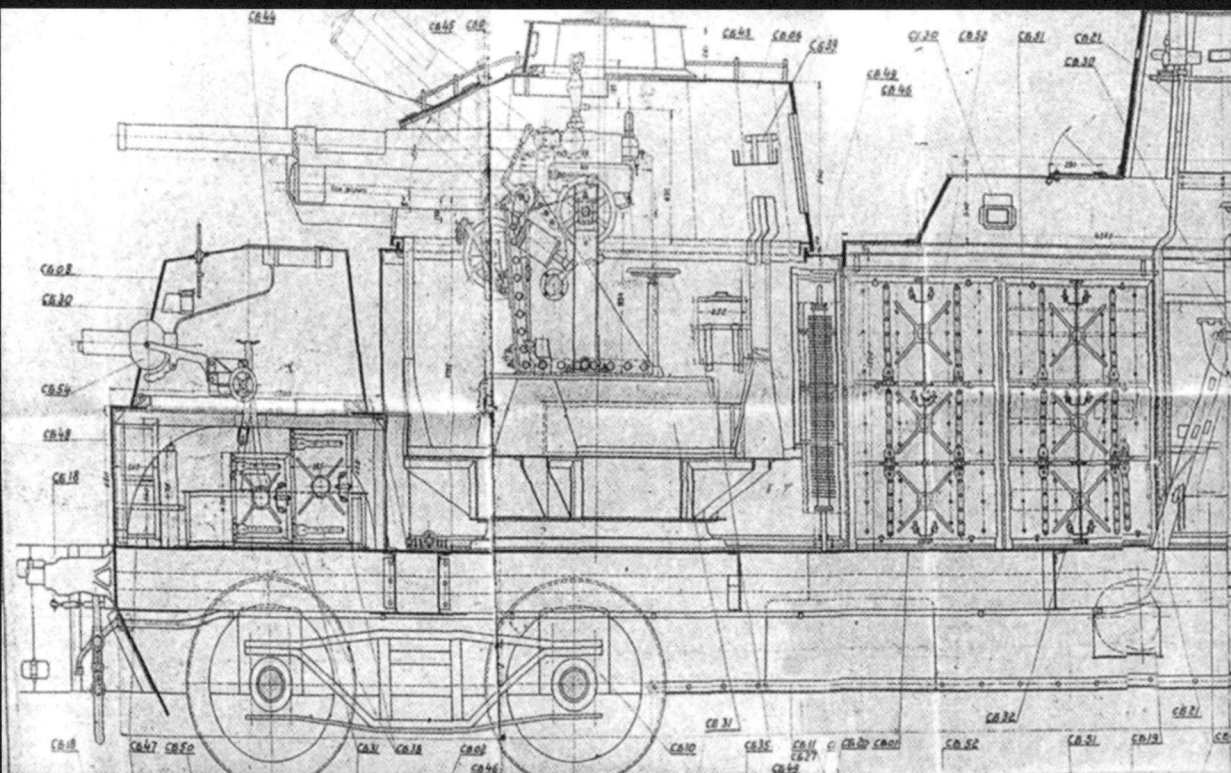

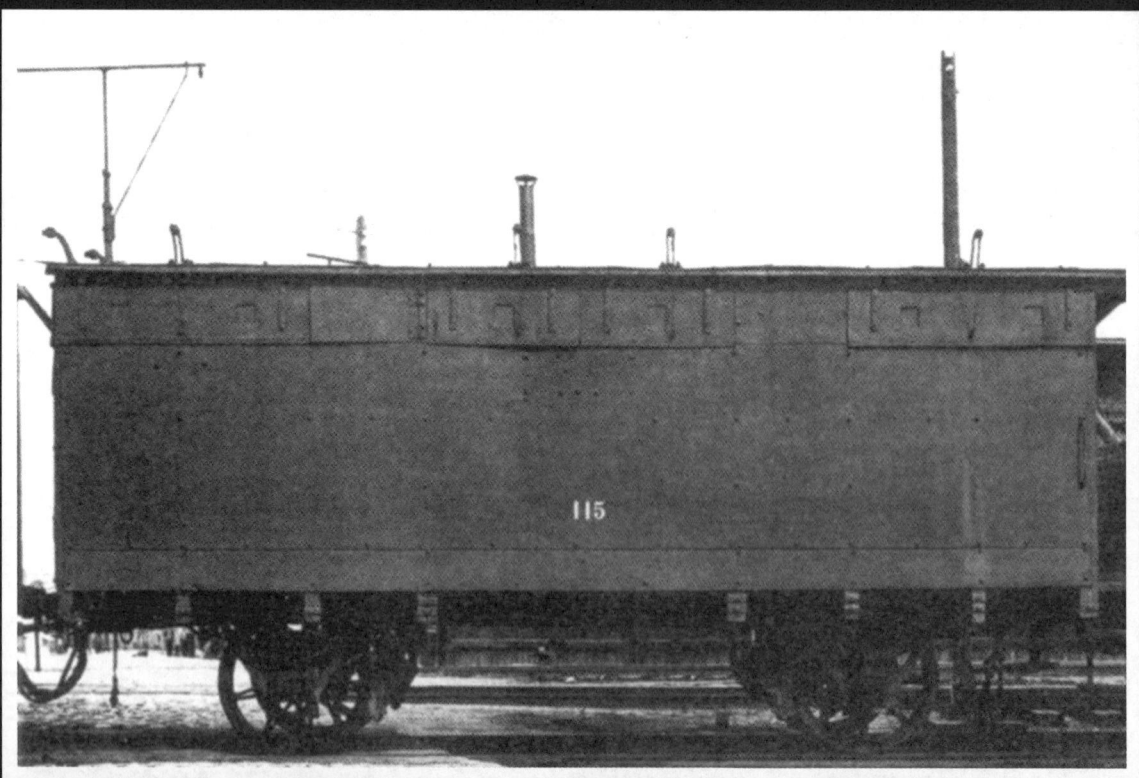

■ 上图是第115号装甲列车的指挥车厢，原是爱沙尼亚军队订购的，作为装甲列车指挥车使用，后来因爱沙尼亚方面取消订单而被遗留在60号基地内，请注意车厢顶部高耸的电台天线。

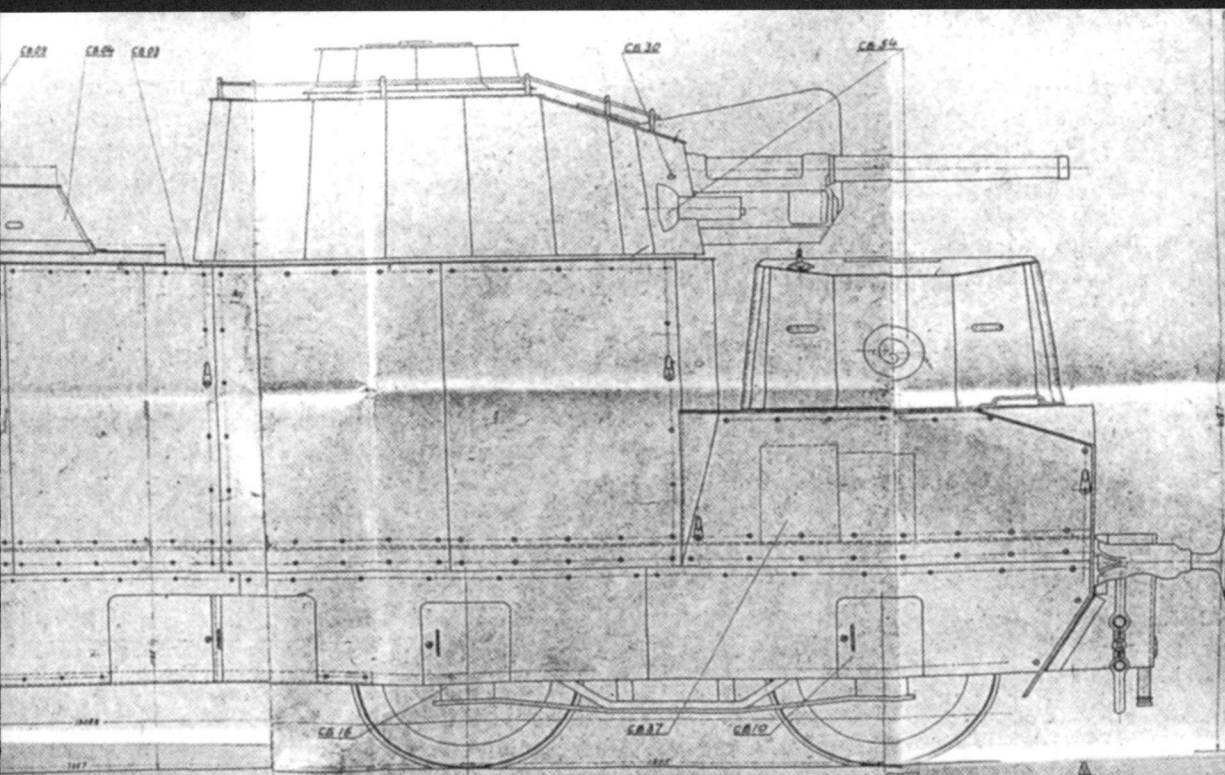

■ 上图是由60号基地在1936年8、9月绘制的 PL–36型重型装甲列车车厢的设计图纸，但该型列车没有获准投产。

■ 上图是苏德战争初期德军在拉脱维亚境内缴获的苏军装甲列车车厢，注意其车轮侧面加装了防护钢板，并采用了样式古怪的迷彩。

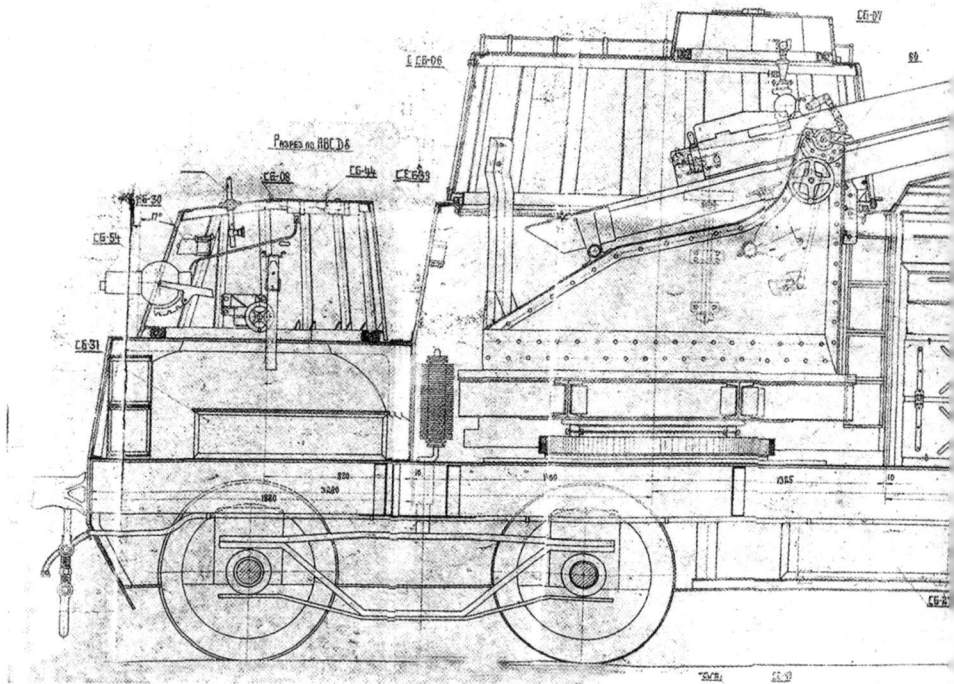

■ 本页线图是60号基地绘制的PT-38型超级装甲列车车厢的图纸，从图中可以发现该型车厢在前端的炮塔呈阶梯状布局，其中高处的大型炮塔内安装1门大口径火炮，有可能是152毫米榴弹炮，而布置在车厢尾部的马克沁机枪安装在高仰角枪座上，可以通过顶部敞开的舱口进行对空射击。但是，PT-38型装甲列车最终没有获得量产，仅停留在图纸上。

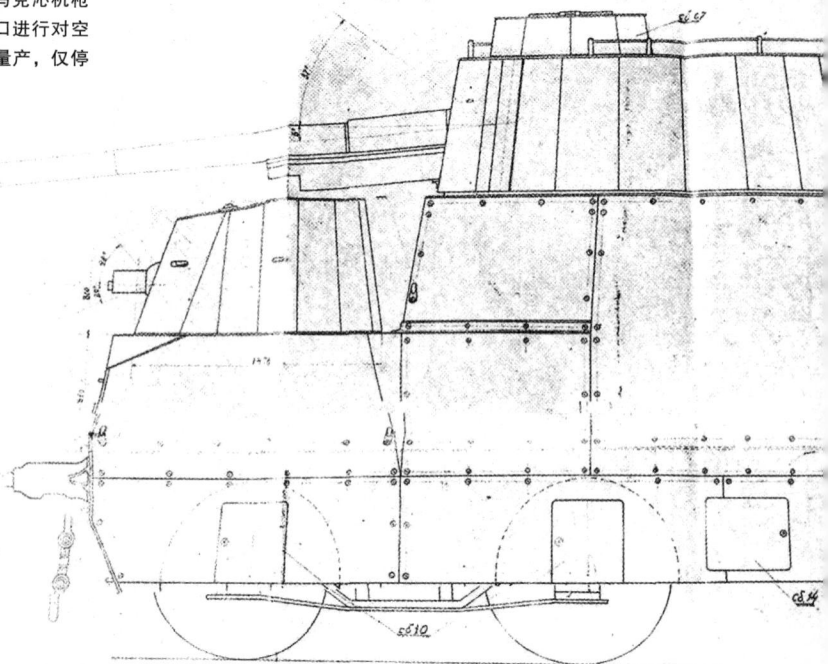

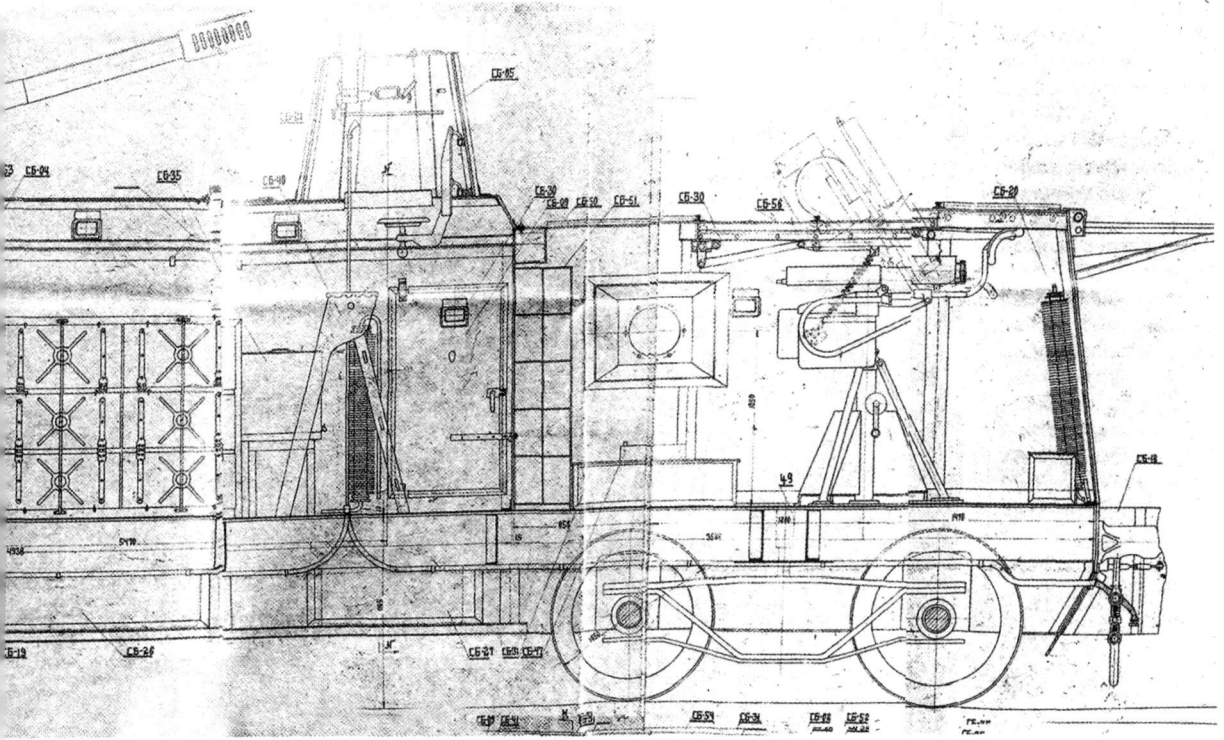

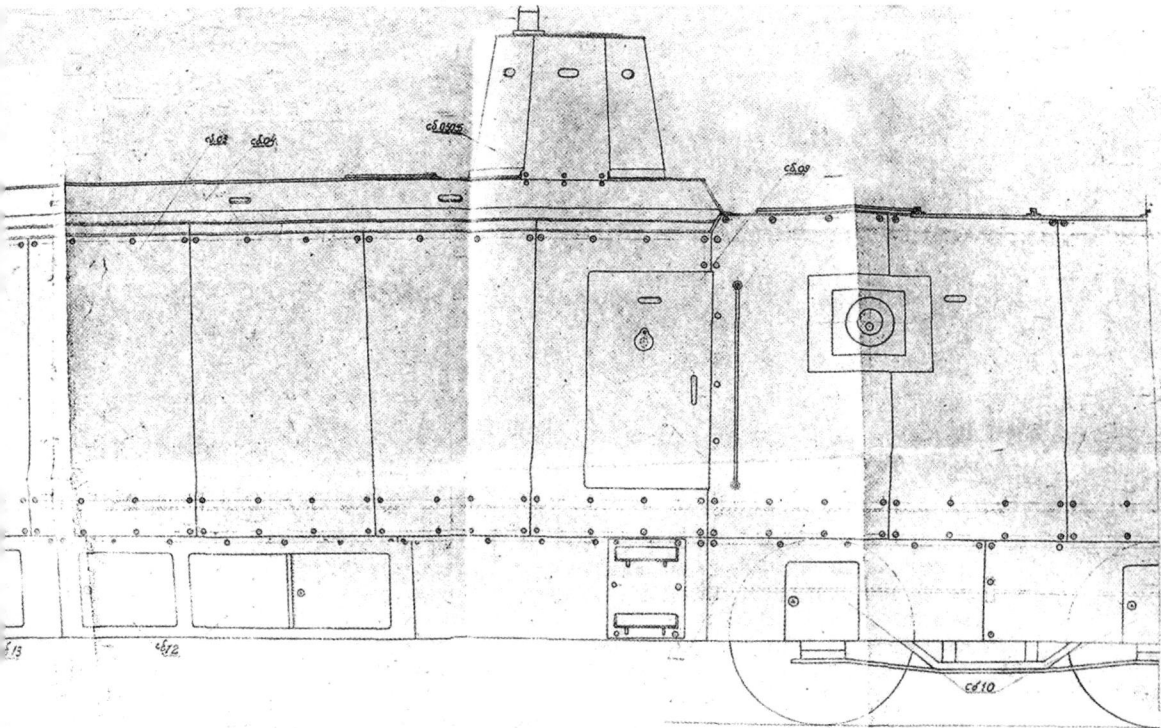

铁路装甲汽车和机动装甲炮车

在1917年之后，各国对装甲列车的使用经验表明，需要一种小型快速的铁路装甲车配合形体庞大的装甲列车作战，这种轻型铁路装甲车可以用于执行各种通讯联络任务和快速弹药补给任务，同时还可执行侦察行动，而且战场经验表明对这种车辆的需求十分迫切。在一战时期，各参战国在发展装甲列车的同时，也推出了一系列不同类型的轻型铁路装甲汽车，并将其广泛运用于各条战线上，作为装甲列车的重要辅助力量。俄国人在这方面也不甘人后，他们根据实战经验很快就尝试为轻型装甲汽车换装铁轨钢轮，使其能够像火车一样在铁轨上运行，并且进行了各种实验以验证其有效性。战场是所有武器最好的试验场，

在内战时期红军部队很快将"加佛德－普梯洛夫"铁路装甲汽车投入战斗，这种轻型铁路装甲车装备1门火炮和3挺机枪，在内战战场上为红军积累了使用铁路装甲车的最初经验。

内战结束后，在苏联红军重新编组铁道炮部队时，将用于侦察和联络任务的轻型铁路装甲车也纳入部队编制中，同时继续进行新型车辆的开发，其基本思路是对陆军现役装备的轮式装甲汽车进行改装，使其能够在普通车轮和铁轮钢轮两种行走机构之间进行转换，从而具备了在公路和铁路进行机动的两用功能，经过反复验证后，苏联红军对BA-20轻型装甲汽车和BA-6、BA-10重型装甲汽车等型号装甲车进行了改装，

■ 内战时期苏俄红军使用的"加佛德－普梯洛夫"装甲汽车，它可以通过更换车轮实现在铁轨上行驶，是苏俄铁路装甲汽车的雏形。

从而产生了一系列公路／铁路两用装甲车。在第二次世界大战前，苏军战斗条令规定铁路装甲车的作战方式是：在战斗中在位于距己方装甲列车前方10～15公里的区域内进行战斗侦察，每列装甲列车单独配置有2～3辆BA-20Shd（Shd为俄语"铁路"一词的缩写）、BA-6Shd或BA-10Shd型铁路装甲汽车用于侦察、警戒及联络任务。在1941年时，德军在战场上缴获了大量两用装甲车，并重新涂绘了铁十字标志，纳为己用。

■ 上图是利用BA-6型装甲汽车改造的BA-6Shd型铁路装甲汽车，图为其铁路行驶状态。
■ 下图是1942年秋高尔基工厂研制的BA-64Shd型铁路装甲汽车，车体前后有可升降式车轮。

苏军早期两用装甲车的行走转换方式相当简单原始，BA-20Shd、BA-20ShdPU（即携带无线电通讯设备的车型）以及由BA-6/10型装甲车改装的车型都是额外携带钢制轨道车轮，根据需要手动拆卸普通车轮，更换轨道钢轮，这种繁琐的作业在实际操作中被证明非常复杂，耗费了大量宝贵的时间，这在战时的紧急情况下是不可接受的。因此，苏军开始寻找一种能够快速转换行走方式的方法，由此产生了在装甲车前后各安装一对可升降式小直径轨道钢轮的设计方案，车辆原有的普通充气轮胎得以完整保留，在需要轨道行驶时也无需拆卸，只要将前后的轨道钢轮降下即可，方便快捷，节省时间。基于这一设计方案，苏军在1942年利用BA-64装甲汽车（利用经典的GAZ-67B吉普车底盘改造的车型）进行了试验性改装，但是由于车轮升降机构过于复杂和成本较高的原因，带有升降车轮的BA-64Shd并没有被苏军看中并投入量产，但是这种设计原理并未被苏联设计师所抛弃，实际上升降式轮轨转换技术在战后被应用于BRDM-2型装甲侦察车及其他一些车辆上，他们被大量生产并装备了整个华约集团，并且出口到许多与苏联结盟的国家。

铁路装甲汽车虽然在战场上得到成功运用，但其弱点也很明显，其形体尺寸较小，装甲较薄，能够装载的武器数量有限，火力不足，而常规的装甲列车虽然火力强大、防护良好，独立作战能力强，但由多节车厢和机车构成，编组复杂，行动不便，而且需要大量资源配合其作战。针对这

■ 20世纪30年代末由基洛夫工厂绘制的SKB-2型机动装甲炮车的侧视线图。

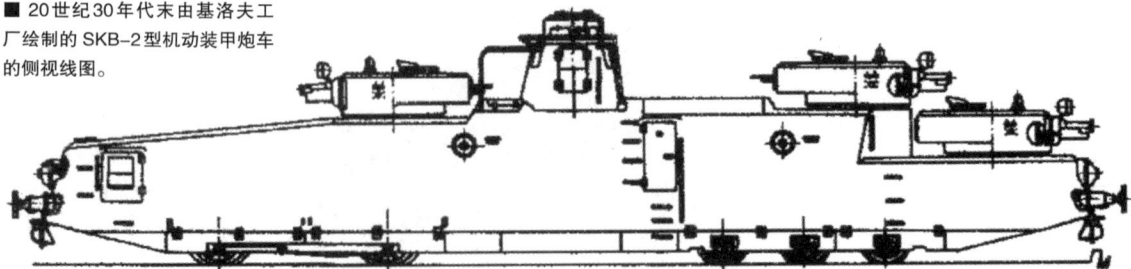

两种车辆的长处和缺点，苏军指挥层希望能够获得一种介于两者之间的新型铁路装甲车辆，它具备与常规装甲列车相当的作战效能，但更为机动灵活，能够单独执行战斗任务，在具体的战术指标上，苏军提出全车要敷设轻型装甲，装备与现役坦克相当的火炮，更为重要的是要具有出色的操纵性能，机动灵活，它不需要像常规装甲列车那样面面俱到的性能，对其他资源保障的依赖程度也相对较低。

根据军方的要求，在20世纪30年代末，列宁格勒的基洛夫工厂设计制造了SKB-2型机动装甲炮车，这是一款能够独立机动的新型铁路装甲车，设计者们采用了许多T-28中型坦克的部件，包括武器和发动机。简单地形容SKB-2型机动装甲炮车，就是一节安装了引擎的装甲车厢，它采用了承载力达120吨的十轮底盘，在车体前部设有三对车轮，以承载2座呈阶梯状纵向排列的前部1号和2号炮塔，在车体中央有1座突出的指挥塔，在指挥塔后方是朝向后方的3号炮塔，而车体后部设有两对车轮。

SKB-2型装甲炮车的3座炮塔及指挥塔最初都采用T-28坦克的炮塔，并且保持了坦克炮塔的所有特征，每座炮塔上安装1门PS-3 Model 1927/32型76.2毫米火炮和1挺DT型7.62毫米同轴机枪，其中2号和3号炮塔还保留了炮塔后部的DT机枪，而位置较低的1号炮塔为了不影响炮塔旋转，取消了后部机枪，所有炮塔都保留了PS-3火炮上的探照灯。1号、2号和3号炮塔的旋转范围分别是280度、318度和276度，火炮仰俯范围为-5～+25度，2号和3号炮塔后部的DT机枪可以单独在17～30度范围内转动，仰俯范围为-40～+50度。除了3座炮塔上的5挺DT

■ 上图是隶属于第60装甲列车营的01号机动装甲炮车，摄于1942年1月莫斯科前线，其炮塔内安装的是KT-28型76.2毫米火炮。

■ 上图是第71装甲列车营的02号机动装甲炮车指挥塔特写，摄于1942年列宁格勒前线，注意后方炮塔上呈高射状态的DT型机枪。

机枪外，在车厢两侧的装甲舱壁上还开有四个射击窗口，每侧两个，每个窗口可以架设1挺7.62毫米马克沁机枪，这些机枪在不使用时可以收纳到车内。装甲炮车上携带了充足的弹药，包括365发76.2毫米炮弹，10962发DT机枪子弹（装在145个弹盘内）以及22000发马克沁机枪子弹（装在48个弹箱内）。武器的观瞄系统由1932年型PT-1型坦克潜望镜和1932年型TOD型远望测距仪构成，后者可以选择手动和电动两种操作方式，放大倍率为四倍。除了上述基本武器外，在指挥塔、2号、3号炮塔顶部还可以加装高射机枪。

SKB-2型装甲炮车的整个车身都覆盖了装甲，其中车体侧面装甲厚度为16～20毫米，且上半部分有10度的内倾，顶部装甲厚20毫米，舱口舱盖10毫米，底部厚20毫米，车组成员通过车体每侧的三个装甲舱门和车底的安全门进出。

SKB-2型装甲炮车的动力系统也源于T-28坦克，采用了M17-T型汽油发动机，这种发动机最初是一种航空发动机，是德国BMW IV型液冷航空发动机的仿制型号，在1930年至1942年间生产了超过27000台，其中19000台用于飞机，而其余的作为坦克发动机使用。M17-T型发动机的输出功率可达400马力，能够使全重达80吨的SKB-2型装甲炮车以120公里每小时的高速在铁轨上疾驰。SKB-2型装甲炮车的传动系统也移植自T-28坦克，其大部分重要部件都被融合到车体的整体设计中，动力及传动系统都安装在车体后部。SKB-2型装甲炮车的电力装置由两台GT-1000型和一台PN-28.5型发电机加八组6STE-128型蓄电池组成，对外联系依靠一台71-TK-1型无线电台，而内部通信则依靠6部有线通话器。除此之外，该车还安装一套完善的信号灯系统。1辆SKB-2型装甲炮车需要40名车组成员操作，其中车长在车体中央高处的指挥塔内

■ 上图是换装了长身管76.2毫米主炮的SKB-2型机动装甲炮车，其炮塔仍是T-28型坦克的，但主炮更换为T-34/76型坦克的76.2毫米炮。

指挥全车的战斗行动。值得注意的是，SKB-2型装甲炮车既能够独立进行机动作战，也能够作为装甲列车的一部分和其他装甲车厢结合在一起。

在苏德战争开始时，仅有少量的SKB-2型装甲炮车被制造出来，它们被指定配属于各机械化军的装甲列车营。根据苏联方面的资料，部分SKB-2型装甲炮车安装了T-34坦克的炮塔及其V-2型柴油发动机，历史照片显示还有安装其他炮塔的情况，比如KV-1坦克炮塔或者T-26轻型坦克的炮塔，后者装备1门火力贫弱的45毫米火炮。需要特别指出的是，在战时铁路装甲炮车以及装甲列车的炮塔配置很大程度上受到供货不稳定的影响，由于首先要保障坦克的产量，各铁路装甲车辆的生产厂家只能根据能够获得的资源决定武器配置，很多装甲列车的炮塔甚至直接来源于战损的坦克，完全是迫不得已的举措。目前仅有1辆完整的SKB-2型机动装甲炮车被保存在俄罗斯的库宾卡战车博物馆内，有趣的是该车的T-28坦克炮塔内安装了T-34坦克使用的F-34 Model 1910型76.2毫米火炮，这种改装是在车辆生产期间就实施了，还是在出厂之后进行的，由于年代久远，资料缺乏而无法确定。

除了基洛夫工厂外，其他苏联工厂也制造了类似于SKB-2的铁路装甲车，其中一种型号安装了180马力的电动机，配备2门火炮和4挺机枪，全重34吨，最高时速60公里，最大行程为500公里，装甲厚度20毫米，车组成员21人，至少有6辆该型装甲炮车被德军俘获并继续使用。

■ 上图是1辆机动装甲炮车的成员们在观看舞蹈演员的表演，注意这辆炮车与一节平板车厢相连，可能是一列装甲列车的组成部分。

■ 上图是 1932 年苏军在 BAD-2 型两栖装甲汽车基础上研制的铁路装甲汽车，其车轮更换为适合铁路行驶的铁轨钢轮。

■ 下图是苏军在 1940 年研制成功的 BA-10Shd 型铁路装甲汽车，其原型是 BA-10 型重型装甲汽车，装备 1 门 45 毫米火炮。

■ 上图是 1942 年夏，一个 BA-10Shd 型铁路装甲汽车的车组成员正在为装甲车更换车轮，以转换车辆的行走方式。

■ 下图是在战前的某次冬季演习中，苏军士兵在轨道上练习利用千斤顶让 BA-10Shd 型铁路装甲汽车原地转向，这是一个具有极高战术价值的车辆操作方法，因为在铁路上行驶的装甲汽车无法像在公路行驶时那样自由转向掉头，只能沿着铁路行驶。

■ 右图是在苏德战争初期，德军士兵在检查1辆被苏军遗弃的BA-20Shd型铁路装甲汽车，它是利用BA-20型装甲汽车改装的。

■ 右中图是苏军第22独立装甲列车营营长布拉文上尉（中立者）正在对侦察兵们下达任务，在他们身后是该营的2号装甲列车和执行侦察任务用的BA-20Shd型铁路装甲汽车。

■ 下图是1943年夏正在进行训练的苏军铁路装甲汽车，左侧是BA-64Shd型，右侧是BA-20Shd型。

■ 上图及下图是1943年4月西部前线，正在进行战斗准备的苏军第21独立装甲列车营695号装甲列车。上图是营长普罗斯特正在向部下传达作战命令。下图是士兵们跑步登车，准备出发。在战前和战争初期的几个月里，695号装甲列车被配属给第1独立装甲列车营，此后从1941年秋一直到战争结束，该车都在第21独立装甲列车营的编制内作战。请注意这两张照片中该车的迷彩涂装及配属给该车支援其作战的BA-20型和BA-10型铁路装甲汽车。

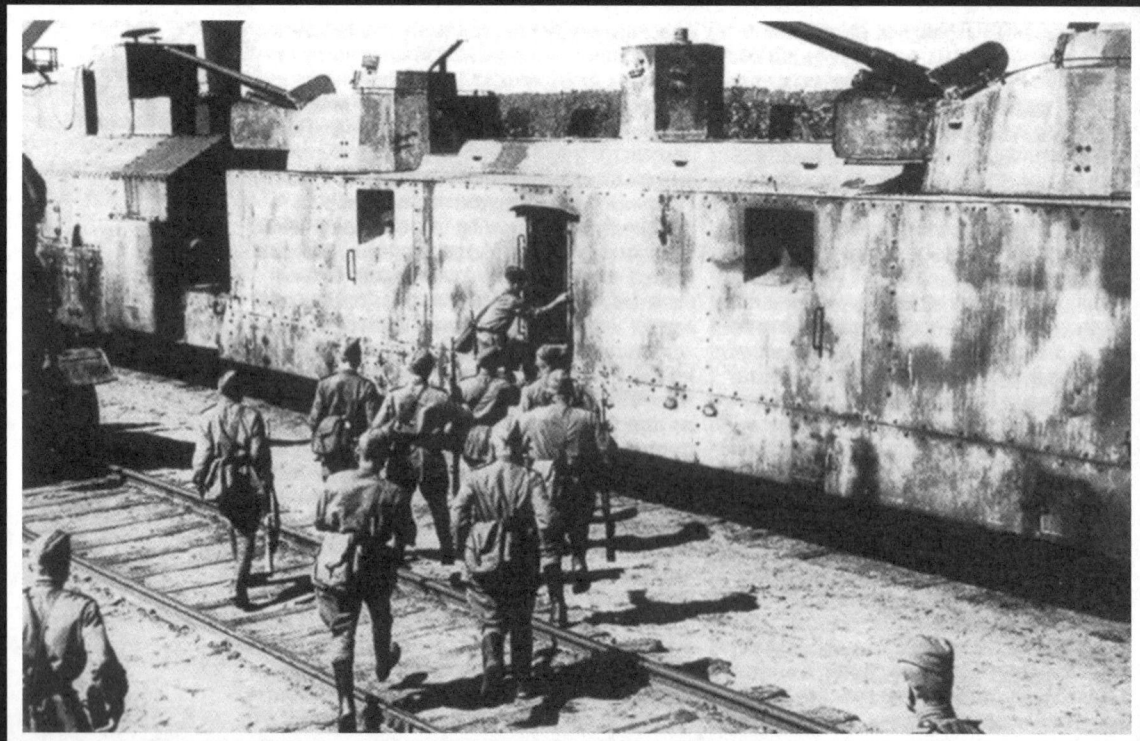

■ 上图是第51装甲列车营的2号机动装甲炮车，由奥利克·玛卡耶夫卡工厂生产，配备1门76毫米炮和5挺DT机枪，侧装甲采用两层装甲板中间填充沙土的夹层结构，装甲厚度为7毫米和25毫米。

■ 右图是1944年夏卡累利阿前线，隶属于第7独立装甲列车营的DB-41型机动装甲炮车，该车采用了T-26轻型坦克早期型的机枪塔。

■ 上图是莫斯科沃伊托维奇厂生产的DB-41型机动装甲炮车，该型炮车安装了1座T-26轻型坦克早期型的炮塔，配备了1门短身管37毫米炮，注意车体侧面的出入舱门。

■ 下图是第38号工厂于1942年8、9月间绘制的MK-1型（上）和MK-2型（下）机动装甲炮车的设计图纸，可见该型炮车的2座炮塔呈左右错开配置，并且安装了小口径高射炮和火箭弹发射器，堪称火力强大，图中还有一款单炮塔的车型。

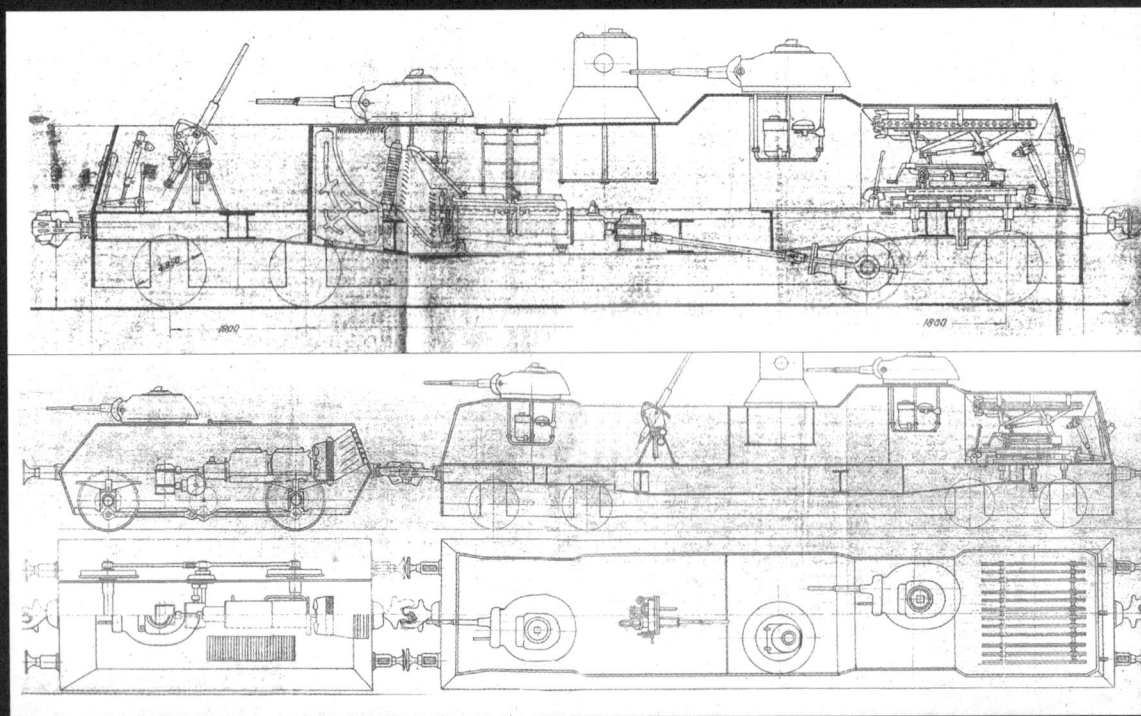

■ 上图是1942年春在列宁格勒前线，第71独立装甲列车营配属的1辆机动装甲炮车，该车由列宁格勒基洛夫工厂生产，车上装备了2座BT-2型快速坦克的炮塔，注意车体侧面中央的大型散热窗。

■ 下图是1942年春在塞瓦斯托波尔战区，1辆名为"热列兹尼亚科夫"的机动装甲炮车正前往前线执行侦察任务，可以清楚地看到该车没有在车辆顶部配备炮塔，车组成员将身体探出车顶观察情况。

■ 上图是1935年由莫西列斯工厂刚完成组装，正准备驶出车间的 E-4 型机动装甲指挥车原型车，注意其车体上部环绕的框架天线。

■ 下图是莫西列斯 E-4 型机动装甲指挥车原型车的左侧照片，很好地展示了这种车辆的侧面轮廓。

■ 上图是1936年春完成制造的 E-6 型机动装甲人员输送车原型车的右侧照片，可见敞开的车体舱门上安装了座椅。

■ 下图是 E-6 型机动装甲人员输送车原型车的左侧视图，车体侧面中央是引擎室的大型散热窗，还可以观察到两个机枪射击孔。

■ 上图是波多尔斯基机器制造厂生产的机动装甲炮车的左侧照片，它和E-6型机动装甲炮车外型相似，但车体采用铆接制造，而E-6型的车体采用焊接制造。

■ 波多尔斯基机器制造厂生产的机动装甲炮车正面照片，车体采用铆接结构，在车体正面偏左的位置安装了1挺机枪，在车体上部装有框架天线。

■ 上图是1941年被德军俘获的1辆机动装甲炮车，该车由波多尔斯基机械制造厂生产，车身上的机枪在苏军撤退时被拆卸一空。

■ 右图是莫西列斯工厂设计制造的E-7型重型机动装甲炮车原型车的正面照片，可以看到其车身正面中央安装的DT机枪和两侧带有盖板的车灯。

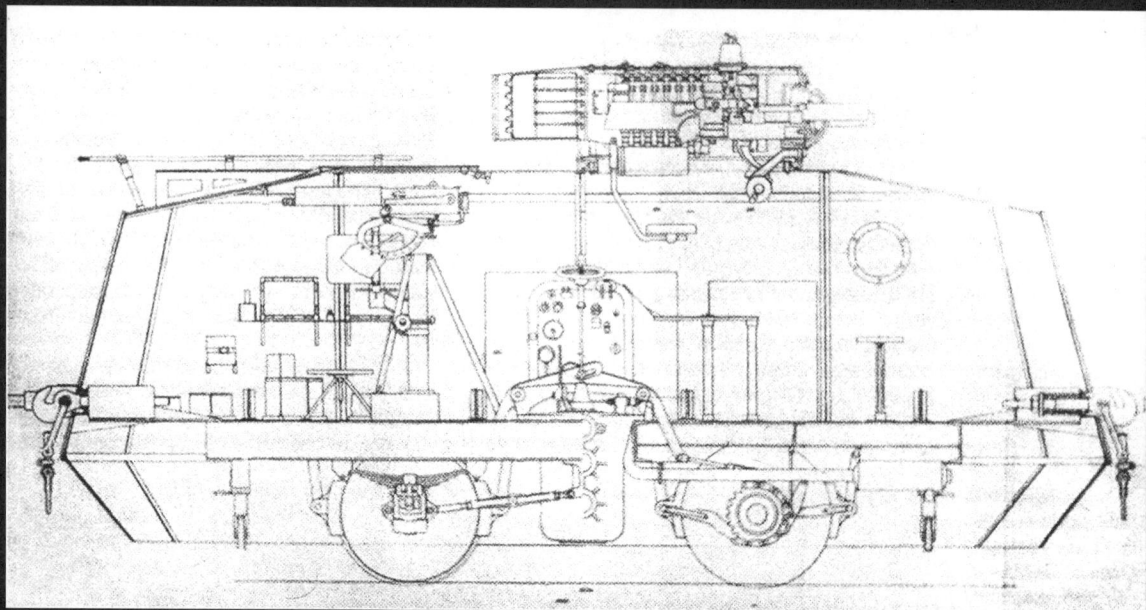

■ 上图是莫西列斯工厂绘制的 E-7 型重型机动装甲炮车原型车的纵向剖面图，由图纸可知该车在炮塔后方的车体内还安装了机枪，从机枪的安装位置推断，可能具备对空射击能力。

■ 下图是 1936 年春，莫西列斯工厂制造的 E-7 型重型机动装甲炮车原型车的侧面照片，其车身采用焊接结构，车体侧面巨大的发动机散热窗十分醒目，车体上安装了一圈框架天线。

■ 上图是1942年春德军利用缴获的苏军机动装甲炮车编组的第10号装甲列车正在巡逻，这辆炮车可能是波多尔斯基工厂的产品。

■ 下图是1942年夏沃尔霍夫前线，隶属于苏军第60独立装甲列车营的1辆机动装甲炮车。该车由波多尔斯基机械制造厂生产，请注意其铆接车体上加装了轻型坦克的炮塔和鞭状天线，为了防空隐蔽车身后部还插有大量树枝。

■ 左上图是1942年1月在科洛姆纳工厂车间内组装的"红星"号机动装甲炮车的传动机构，注意该底盘采用改装后的KV重型坦克的主动轮驱动车身。

■ 左中图是1942年1月在科洛姆纳工厂内即将完工的"红星"号机动装甲炮车，此时KV-1重型坦克的炮塔已经安装到位。

■ 左下图是1942年2月完成组装的"红星"号机动装甲炮车开出科洛姆纳工厂厂房，准备开始测试。

■ 本页是 SKB 工厂于 1941 年提交的 MBV-41 型机动装甲炮车设计方案，该车配置了 2 座炮塔和 1 座双联装机枪塔，这个方案由于战争的爆发而无疾而终。

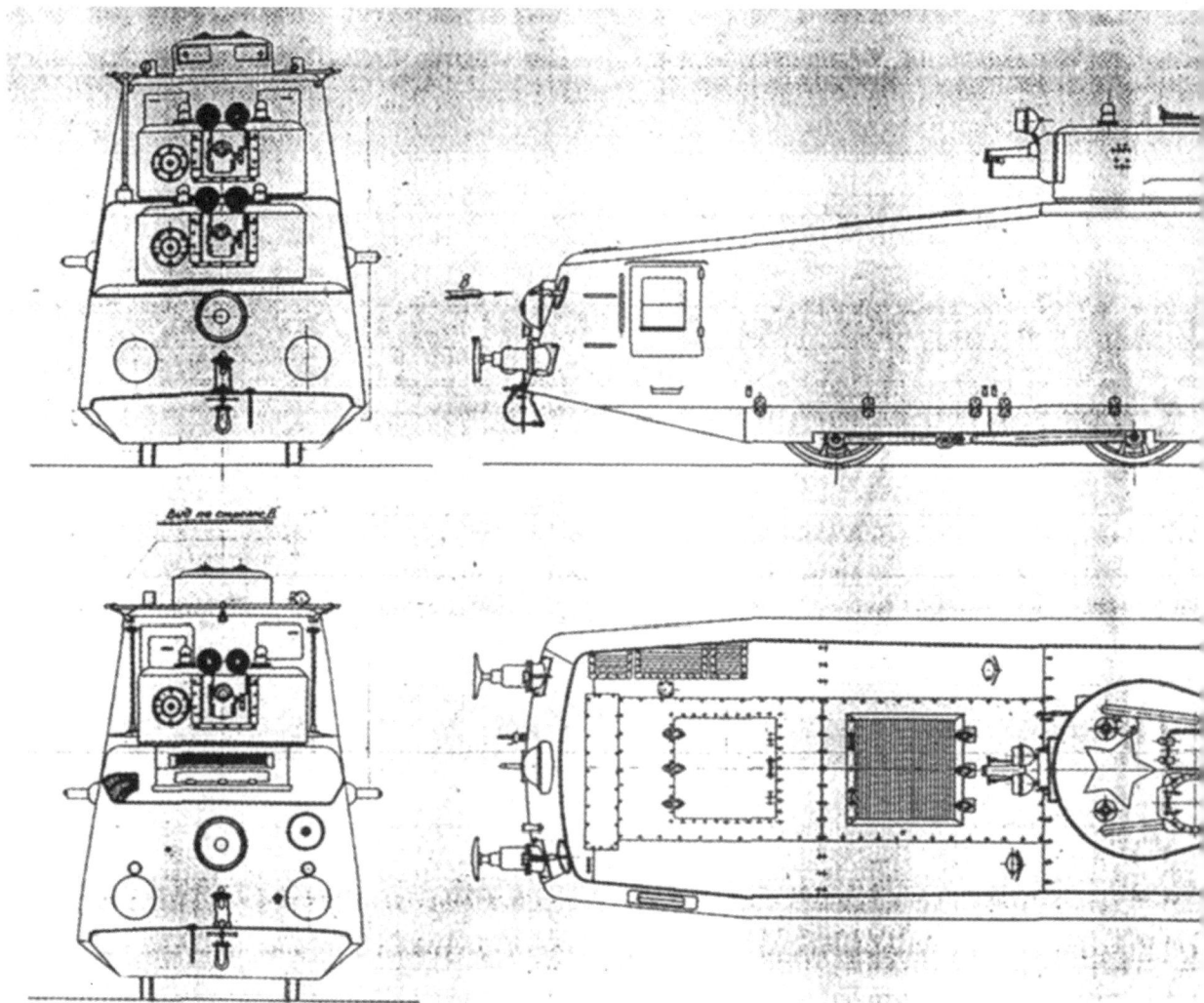

■ 上图是列宁格勒基洛夫工厂于 1936 年绘制的 SKB-2 型机动装甲炮车的四视线图。

■ 下图是列宁格勒基洛夫工厂于 1936 年绘制的 SKB-2 型机动装甲炮车的剖视图。

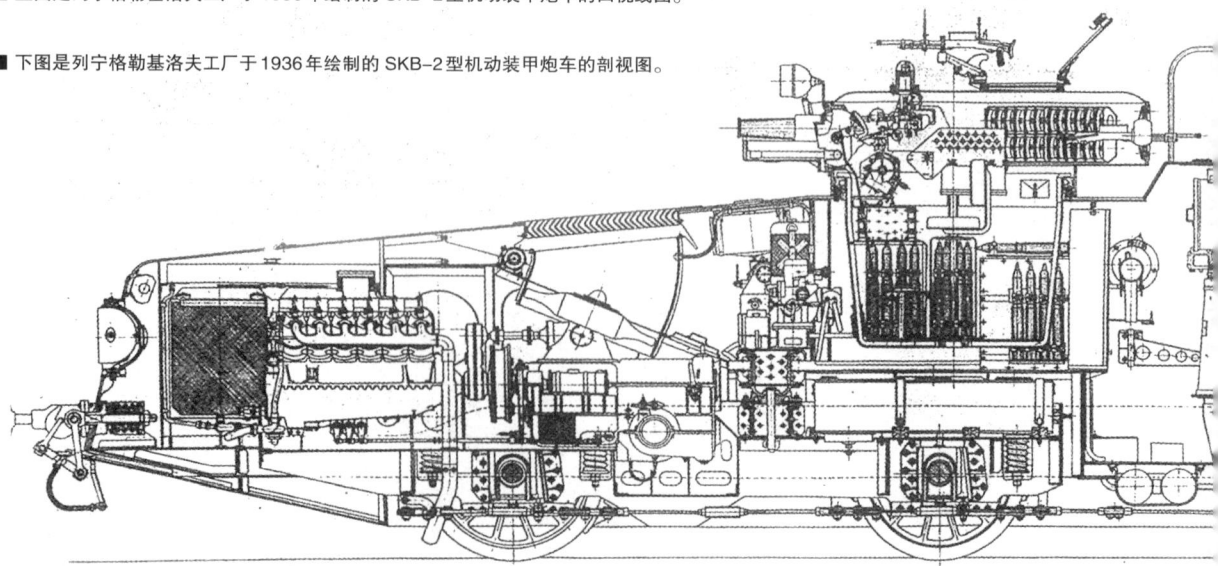

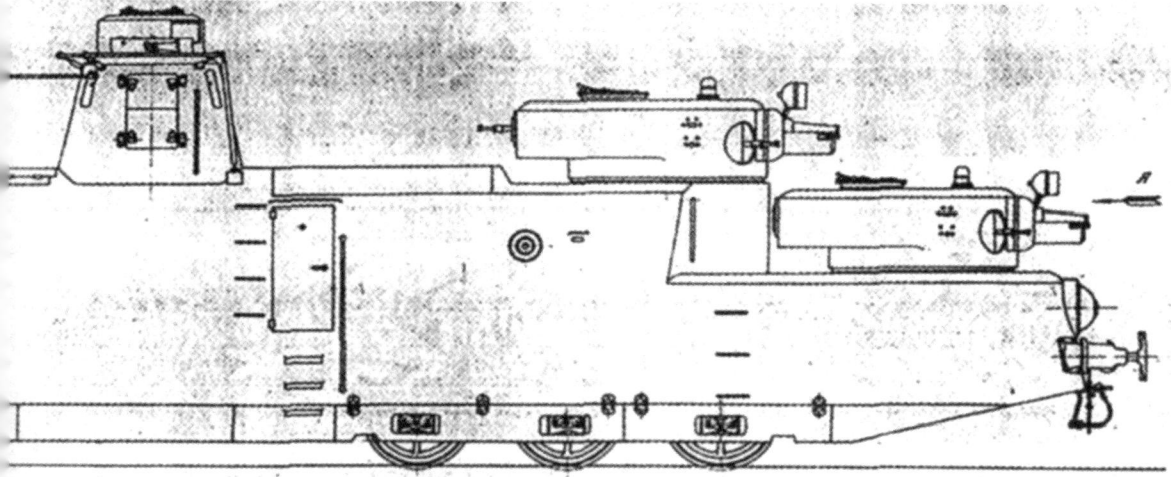

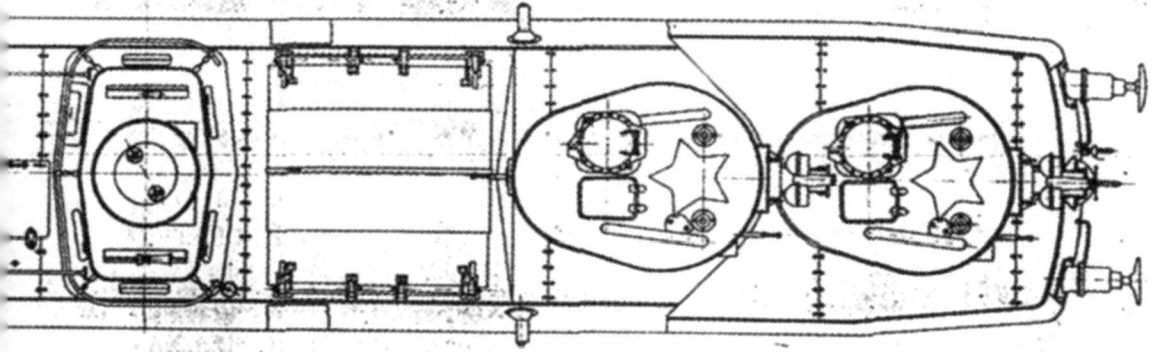

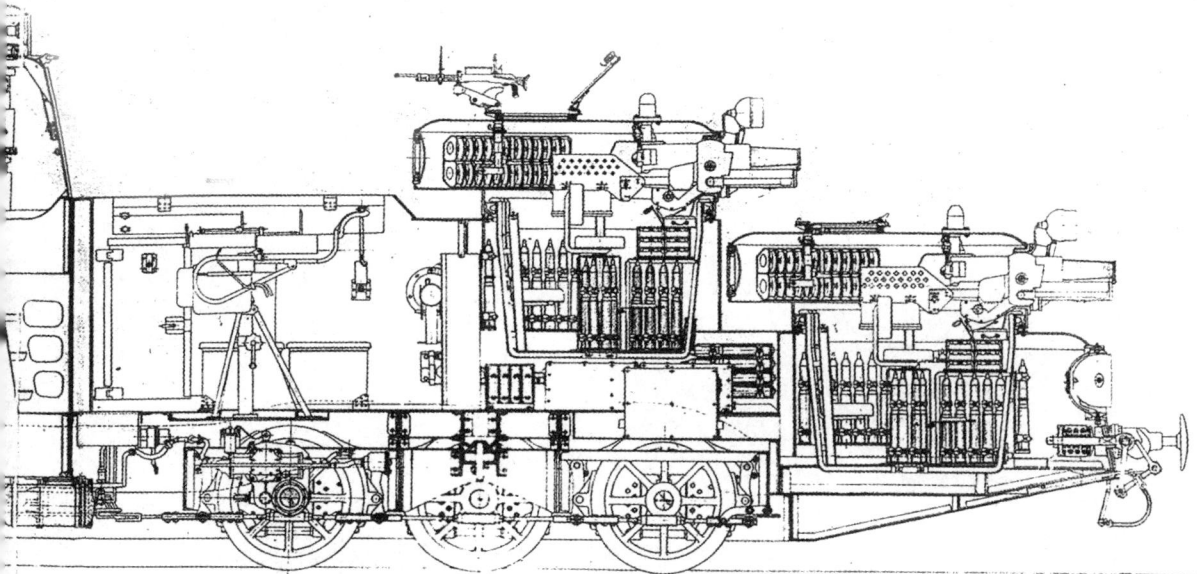

■ 最上图是1942年春列宁格勒前线，隶属于第71独立装甲列车营的02号机动装甲炮车（SKB-2型），该车的3座T-28型坦克炮塔上装备了76.2毫米D-11型坦克炮。

■ 中图是1942年5月列宁格勒前线，第71独立装甲列车营的02号机动装甲炮车正在执行战斗任务，车体上涂绘了条纹迷彩。

■ 右图是1942年5月列宁格勒前线，第71独立装甲列车营的02号机动装甲车炮车的炮塔特写照片，射手正操作带环形瞄准具的DT型机枪进行警戒，身后的T-28型坦克炮塔上的D-11型76.2毫米坦克炮十分醒目。

■ 上图是 1944 年 2 月，第 14 独立装甲列车营的官兵们站在 684 号机动装甲炮车（原 02 号机动装甲炮车）上，庆祝列宁格勒解围，值得注意的是该车的 T-28 型坦克炮塔已经全部换装了 F-34 型 76.2 毫米坦克炮。

■ 下图是今日保存在莫斯科近郊库宾卡战车博物馆内的 02 号机动装甲炮车，这幅从右前方拍摄的照片显示了前部炮塔的背负式布局。

■ 上图及下图是库宾卡战车博物馆内保存的 02 号机动装甲炮车的彩色照片，上图是该车的车尾特写，下图是指挥塔和 3 号炮塔的特写。

За Ленинград！

终极装甲列车 BP-43

苏俄装甲列车经过数十年的发展，在二战中期达到了一个高峰，其代表就是 BP-43 型装甲列车。BP-43 型装甲列车由四节用于引爆爆炸物的防爆车厢，四节搭载炮台的装甲车厢，两节装备防空武器的装甲车厢和一台 PR-43 型装甲机车组成，后来机车改为加装防护钢板的 OW 系列标准机车。整列 BP-43 型装甲列车的全重可达 400 吨，最高速度为 45 公里每小时，在装载 10 吨煤或 6 吨柴油（使用柴油机车时）最大行程为 120 公里。

列车上所有容易受到攻击损坏的机械装置都被置于装甲舱室中，车身上的观瞄设备和窗口也都有严实的装甲防护，关键部位的最大装甲厚度达到 100 毫米，足以抵御 75 毫米炮弹的攻击，在整体防护上唯一的弱点在于高耸的指挥塔和顶部可以敞开的防空机枪塔。装甲机车上装有用于联络的通话器和大功率信号灯系统，无线电设备安装在指挥塔内，用于外部联系。在机车与各节车厢之间铺设有一根传声管，由橡胶管和金属管构成，装甲列车的指挥官、机车司机、机械师以及各节车厢的指挥员、武器射手们就是通过这根传声管进行内部通话。装甲车厢的顶部和侧面一般都设有装甲舱门，供人员出入，但也有的车厢出于防护考虑，在侧面没有舱口，成员通过车厢底部的安全门进出。此外，在车厢两端还开有通往其他车厢的通道门，在两节车厢之间会有一个装甲通道，保护人员的安全转移，在通道地板上设有小型舱门，用于在战斗条件下将车厢分离。车组成员主要通过车厢侧壁的观察窗和炮塔上的观瞄设备观察外部情况。特别值得一提的是，BP-43 型装甲列车设计有整体式供暖系统，通过一系列供暖管道将机车产生的热蒸汽输送到各节车厢，保证车内的温度，这一配置在当时可以说是星级宾馆的标准，非常适于在酷寒的冬季作战，无论苏军还是德军对此都极为欢迎，德军非常乐意将缴获的苏军装甲列车编入己方部队继续服役。

现存的历史照片显示，BP-43 型装甲列车采用的装有炮塔的装甲车厢有多种类型，其中既有利用平板货车改装的仅有装有 1 座炮塔的车厢，也有利用箱式车厢制造的带有 1 座或多座炮塔的车厢。在武器选择上，BP-43 型装甲列车通常会安装 T-34/76 型坦克炮塔，配有 1 门 F-34 型 76.2 毫米炮和 1 挺 DT 型 7.62 毫米同轴机枪，出于标准化的考虑，装甲列车的炮塔与标准的坦克炮塔完全一样，可以通用。在战时条件下，装甲

■ 上图是装备标准 1943 年型 T-34/76 炮塔的 BP-43 型装甲列车，该型列车是苏联装甲列车在二战时期发展的巅峰之作。

■ 属于BP-43型装甲火车的一节火炮车厢，利用平板车厢改装，在梯形基座上安装1座T-34/76型坦克炮塔，注意侧面的机枪。

列车安装的炮塔并不仅限于T-34/76型，许多不同型号的坦克炮塔都被完整地移植到装甲列车上。尽管苏军早在1917年就一直致力于装甲列车武器的标准化，但在战时相关的文件都成了一纸空文，各个生产厂家都因地制宜，利用各种剩余物资装备来改装装甲列车，以达到物尽其用。除了标准的坦克炮塔及其主炮、机枪外，BP-43型装甲列车也会装载107毫米野战炮，用于远距离的压制射击，它们通常被置于圆柱形简易炮塔内。

一列装甲列车通常会配备4～8门76.2毫米或107毫米火炮，具体数量视装甲车厢类型和编组方式而定。装甲车厢的炮塔旋转范围为300～330度，部分单炮塔的车厢可以360度全向射击，火炮仰俯范围为－7～＋40度。

除了火炮之外，装甲车厢还会装备12挺7.62毫

米DT式重机枪，它们通过车厢侧壁上的射击口向列车两侧发扬火力，这些机枪有些是架设在简易的射击窗口上，也有的安装在半球形的活动枪座上，与火炮一起构成多层火力圈。装甲列车火炮的有效射程在8000～10000米，机枪的有效射程在800～1000米。列车内的充足空间可以装卸大量弹药，供长时间作战。有份资料显示，PB-43型装甲列车的弹药装载量如下：76.2毫米炮每门备弹280发，107毫米炮每门备弹200发，7.62毫米机

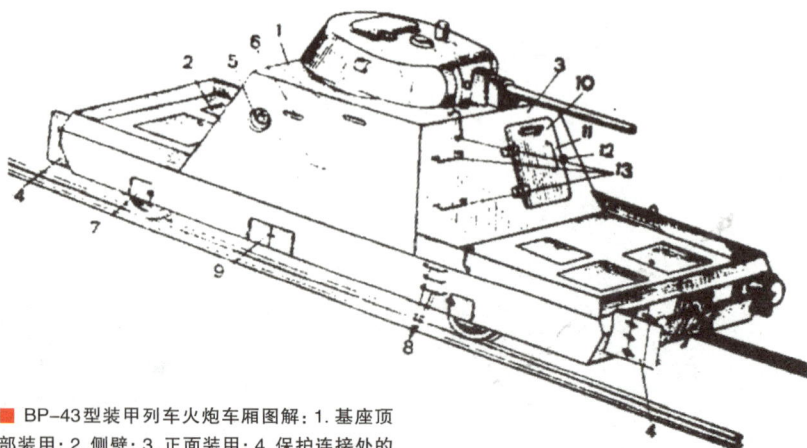

■ BP-43型装甲列车火炮车厢图解：1.基座顶部装甲；2.侧壁；3.正面装甲；4.保护连接处的装甲板；5.球形射击孔；6.观察孔；7-9.维修舱口盖；10.装甲舱门；11-13.扶手；12.门锁。

枪每挺备弹5000发。在执行作战任务时，装甲列车有时也会携带额外的武器以加强火力，比如迫击炮，有战时照片显示苏军将120毫米大口径迫击炮置于有装甲护栏、顶部敞开的车厢上。

BP-43型装甲列车相比之前的装甲列车一个突出特征是重视对空防御，配置了与火炮装甲车厢同等数量的防空车厢。防空车厢多由平板货车改装而成，2门Model 1939型37毫米高射炮被置于车厢两端，每门火炮周围用钢板构成方形装甲护壁，顶部敞开，没有防护，在护壁顶部还加装了铰链式活动装甲板，可以竖起或翻下，竖起时有一定内倾，在对空射击时竖起的装甲板可以增加防护面积，而在对地面目标射击时活动装甲板向外翻下，使高射炮能降低仰角对目标实施火力覆盖。每个防空炮位在朝向两侧和车厢前端或后端的护壁上设有带开合盖板的观察孔，即每个炮位有三个观察孔。炮组成员通过车厢两侧的扶梯上下车，在紧急情况可以从车厢底部的安全门撤离。还有一种类型的防空车厢安装了多个顶部敞开的装甲盒结构，在其中布置12.7毫米高射机枪。有资料表明，BP-43型装甲列车上每门37毫米高射炮备弹600发，12.7毫米

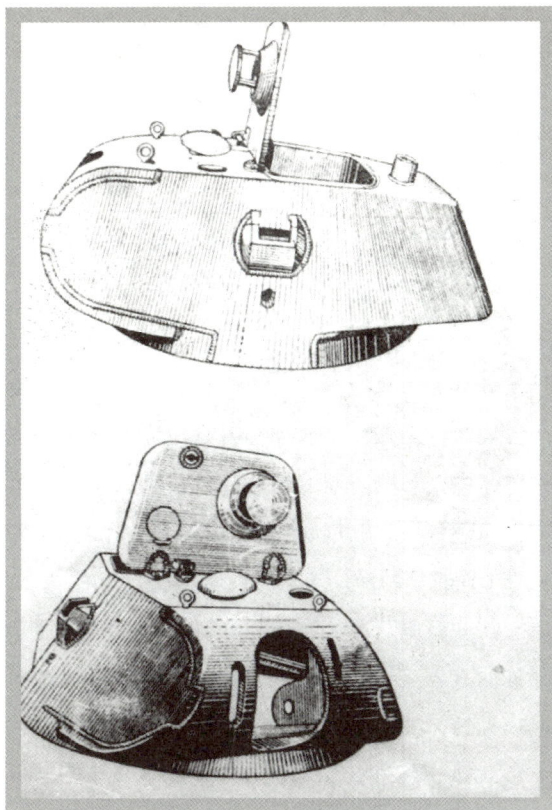

■ BP-43型装甲列车车厢上的T-34型坦克炮塔结构图。

机枪的备弹量达10000发。

除了火炮装甲车厢和防空车厢外，通常挂在列车两端的防爆车厢也是BP-43型装甲列车的重

■ 上图是1945年2月，第60独立装甲列车营的一列BP-43型装甲列车在前线警戒，注意近处防空车厢的2门高射炮高高仰起。

附表2: 1941年至1945年间苏军装甲列车的类型

列车类型	BP-35	OB-3	NKPS-42	BP-43
装甲火炮车厢	2	4	2	4
防空车厢	–	2	–	2
防爆车厢	4	4	4	4
76.2毫米火炮	8	4	4	4
37毫米高射炮	–	2	–	4
7.62毫米马克沁机枪	8	16	–	–
7.62毫米 DT 重机枪	–	–	12	12
12.7毫米 DShk 高射机枪	–	–	2	1

要组成部分，防爆车厢的作用在于提前引爆轨道上的地雷等爆炸物，使列车自身免遭爆炸物的损害。此外，防爆车厢上还会装载货物、维修工具和材料，比如备用铁轨、螺钉、连接件、吊杆等等，以便随时抢修损坏的车辆和铁轨。

在战争中，苏军装甲列车还采用过一种非常罕见的武器组合方式，将T-34坦克炮塔、高射炮和火箭弹发射器结合在一起。有数列装甲列车曾装载过这种被德军称为"斯大林管风琴"的火箭炮，其中一列是"科斯马·米宁"号（Kosma Minin），该车由高尔基机车厂（Gorki Waggon Works）设计，在1941年10月至1942年2月间于莫鲁姆（Morum）建造完成。这列装甲列车配置了拥有2座T-34坦克炮塔的装甲车厢和装备2门37毫米高射炮的防空车厢，而威力惊人的M-8"喀秋莎"火箭弹发射器被安装在防空车厢的2门高射炮之间，其炮位略高于高射炮，并有铰链式活动装甲护板保护，在作战时护板可以放下，为火箭发射器提供360度全向射界，其使用的弹药为82毫米火箭弹。在火箭炮炮位下方有一个隔间，供炮组成员休息待命，他们通过隔间顶部的两个舱口进入炮位。

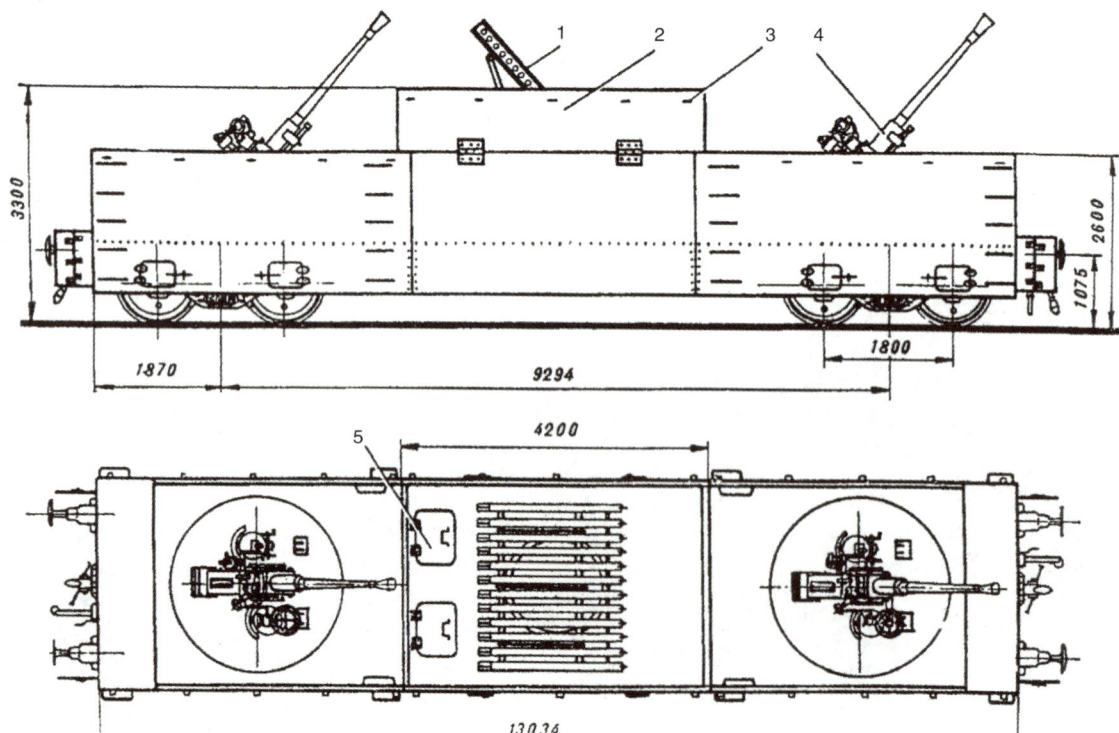

■ 上图是混合型装甲车厢双视线图: 1.M-8型82毫米火箭发射架; 2.可折叠装甲护板; 3.观察缝; 4.37毫米高射炮; 5.炮组人员出入舱门。

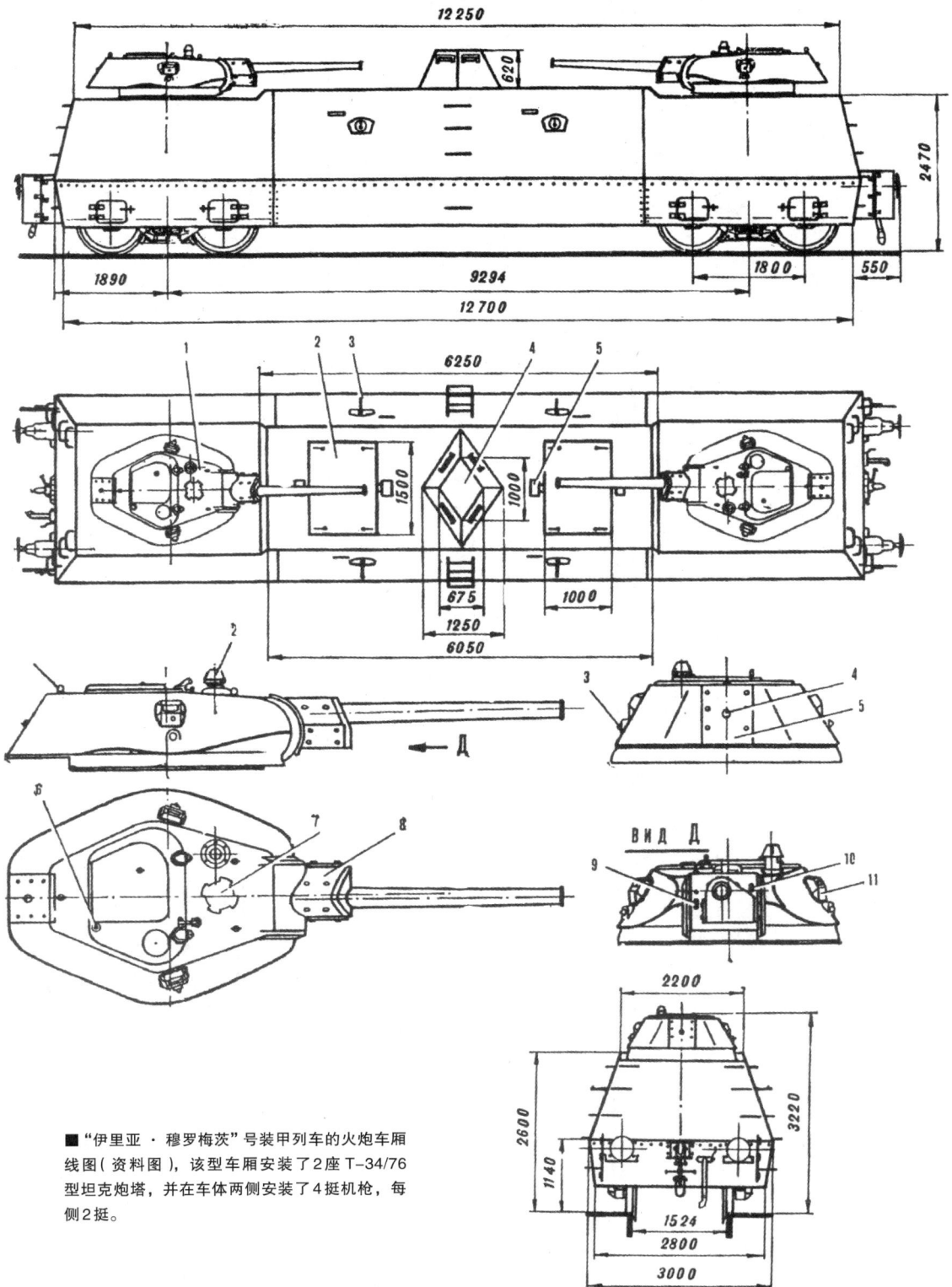

■ "伊里亚·穆罗梅茨"号装甲列车的火炮车厢线图(资料图),该型车厢安装了2座T-34/76型坦克炮塔,并在车体两侧安装了4挺机枪,每侧2挺。

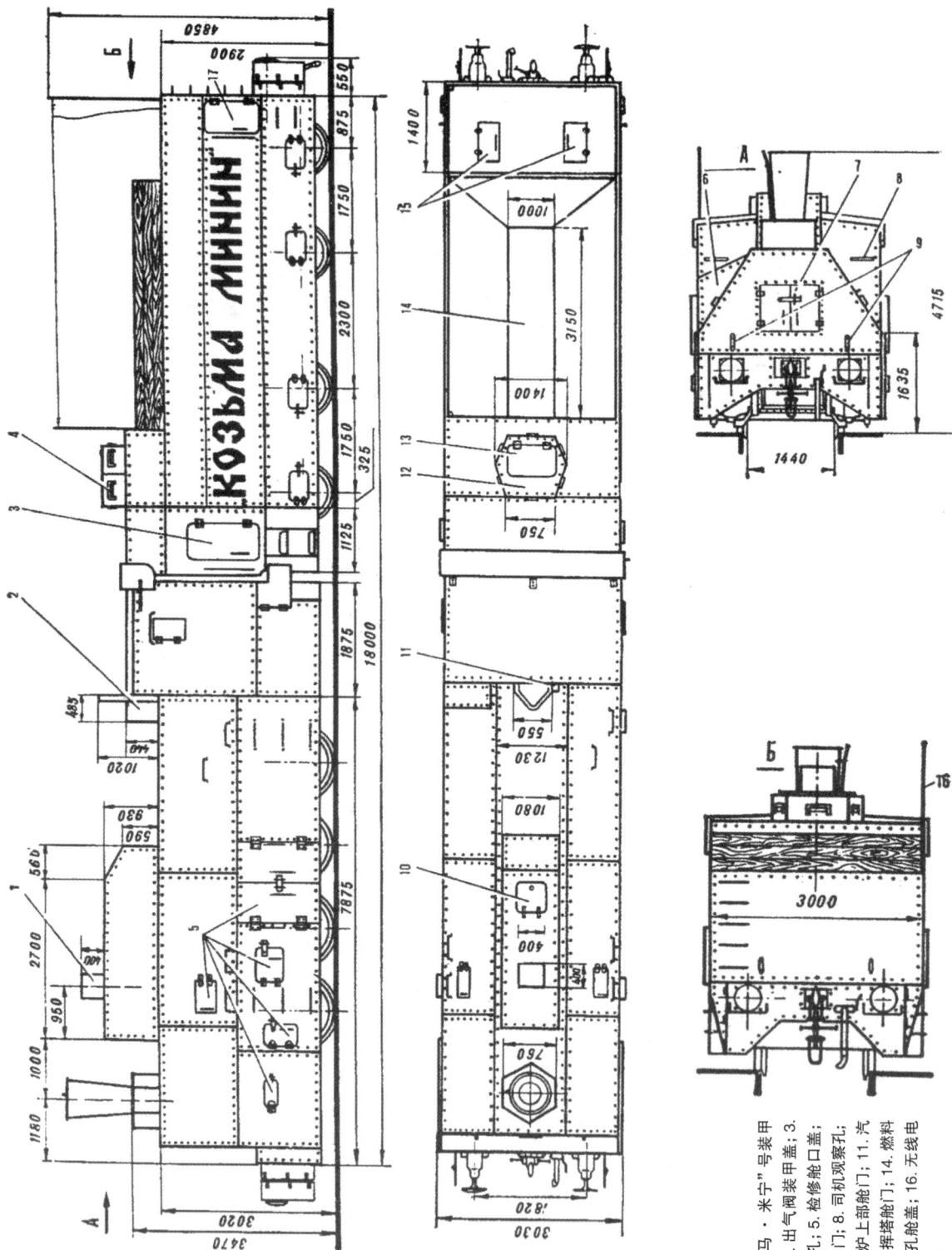

КОЗЬМА МИНИН

■ 本页组图是"卡斯马·米宁"号装甲列车的机车线图图：1.2. 出气阀装甲盖；3. 驾驶室舱门；4. 瞭望孔；5. 锅炉门；6. 铰链装甲盖；7. 锅炉门；8. 司机观察孔；9. 探照灯底座；10. 锅炉上部舱门；11. 汽笛；12. 指挥塔；13. 指挥塔舱门；14. 燃料加注孔盖；15. 加水孔舱盖；16. 无线电天线（连接无线电室）。

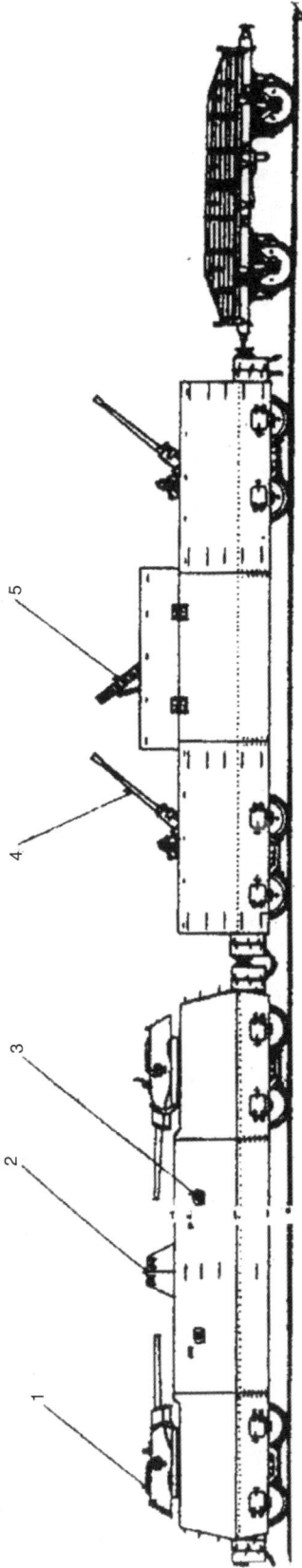

■ 上面这幅线图展示了"科斯马·米宁"号装甲列车的车厢构成，包括一节火炮车厢，一节防空车厢和一节防爆车厢，配置了多种武器：1.T-34/76型坦克炮塔；2. 指挥塔；3. 侧面机枪；4.37毫米高射炮；5.82毫米火箭发射器。

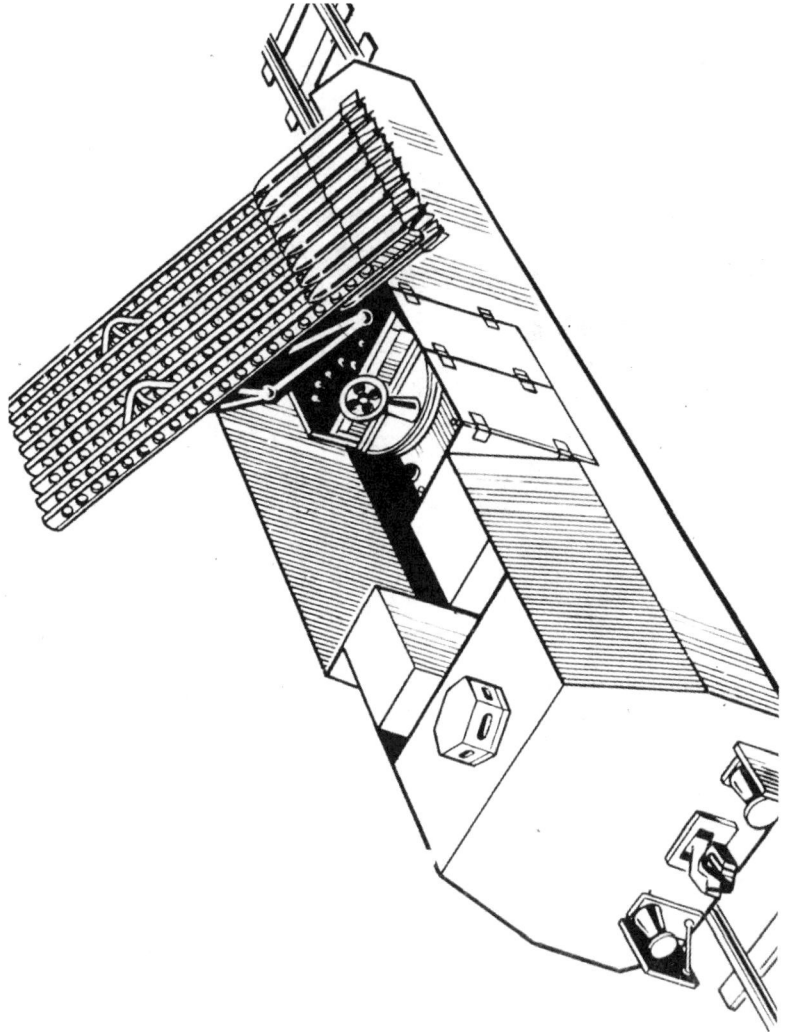

■ 右图是苏军装甲列车的车厢上配置多轨火箭弹发射器的一种方案，按照官方说法这列装甲列车在装甲车厢上安装了这种武器，从这张图片中我们可以了解火箭弹发射器的安装方式和位置。

■ 本页是波尔塔瓦铁路机车厂绘制的 "布琼尼元帅" 号装甲列车的机车防护装甲结构图纸（资料图），显示了装甲结构的横向剖面，该型机车的生产技术也被应用于后来的 BEPO-42 型和 OB-2 型装甲机车上。

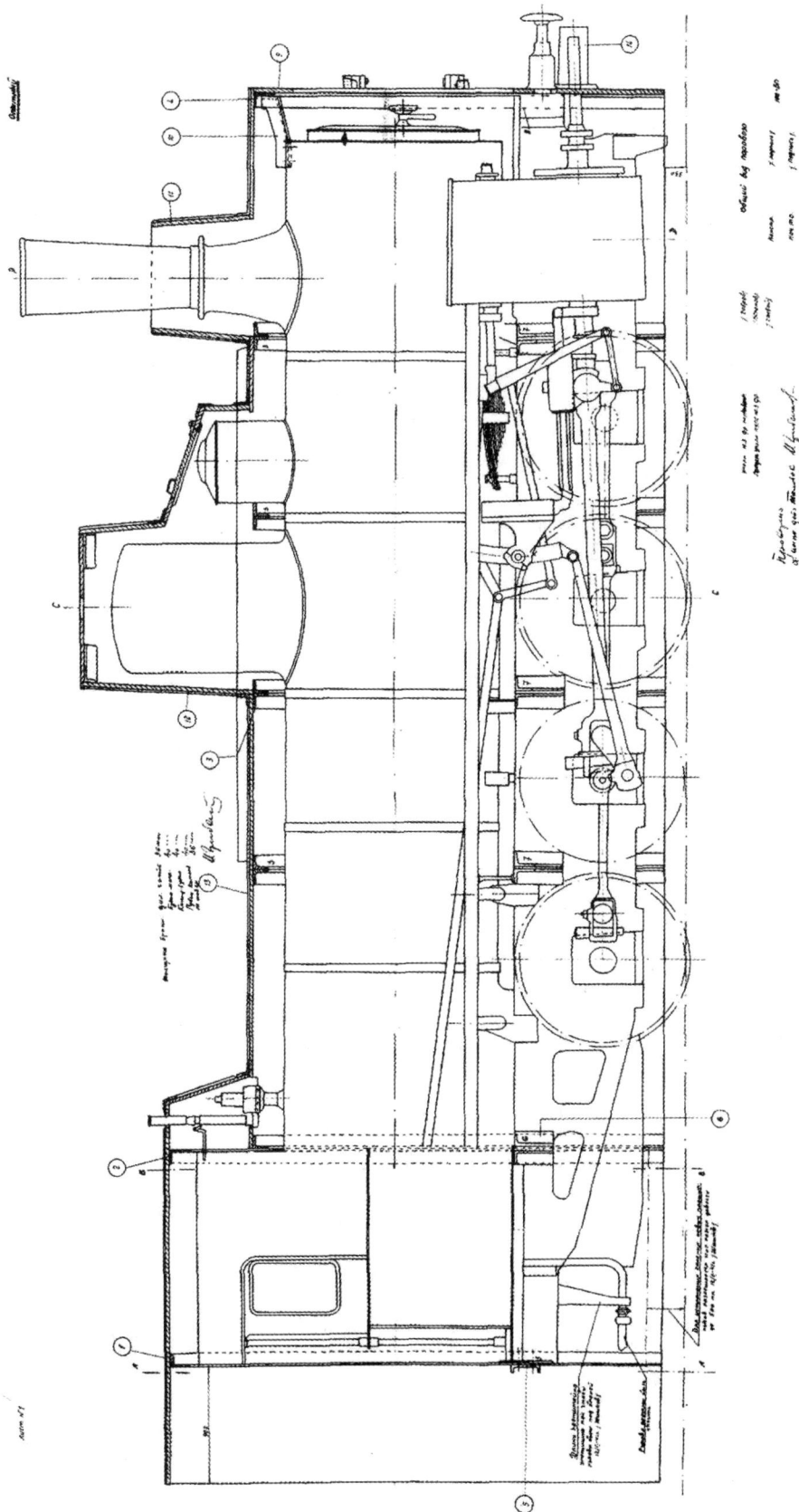

■ 本页是波尔塔瓦铁路机车厂绘制的"布琼尼元帅"号装甲列车的机车防护装甲结构图纸（资料图），显示了装甲结构的纵向剖面。

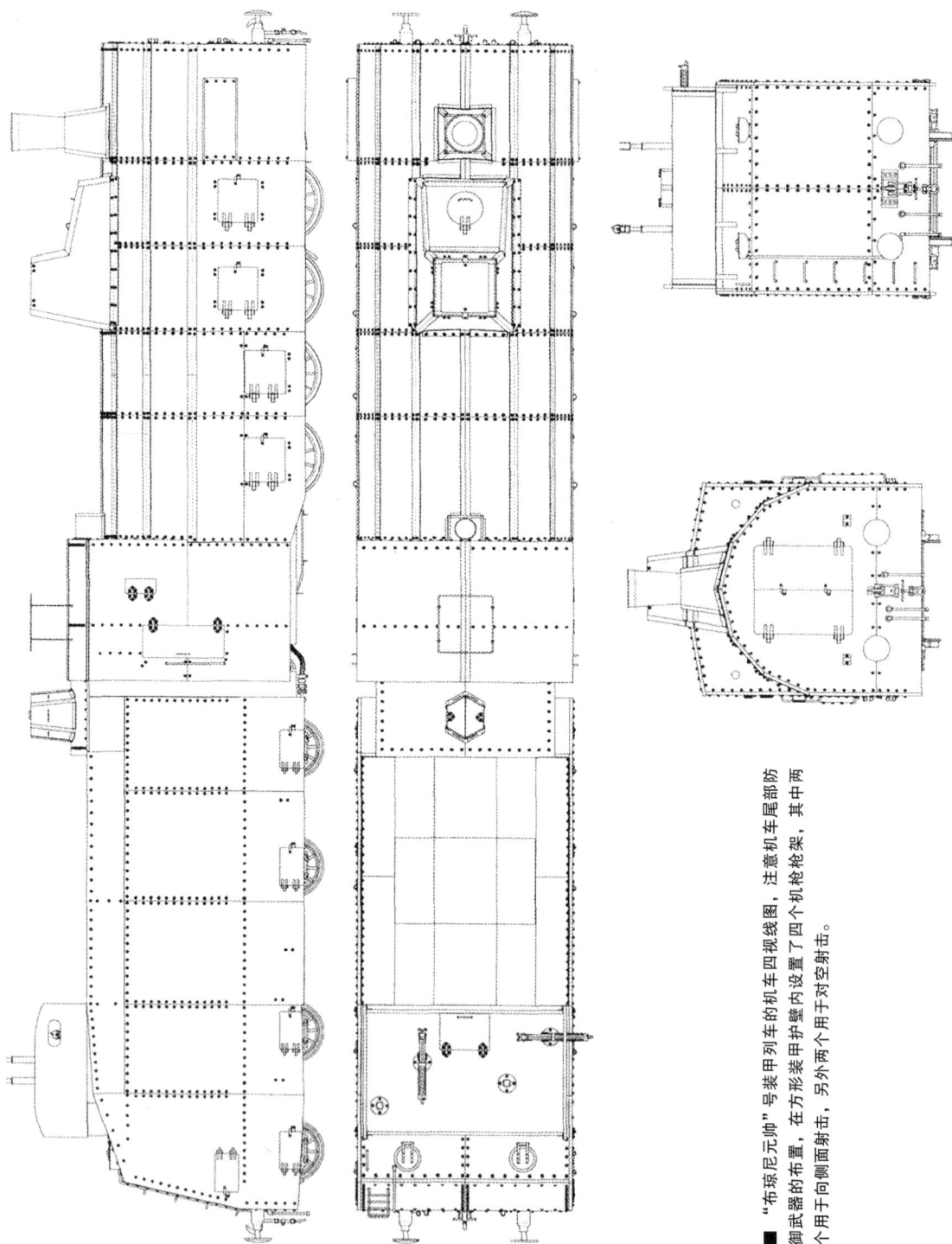

■ "布琼尼元帅"号装甲列车的机车四视线图，注意机车尾部的防御武器的布置，在方形装甲护壁内设置了四个机枪枪架，其中两个用于侧面射击，另外两个用于对空射击。

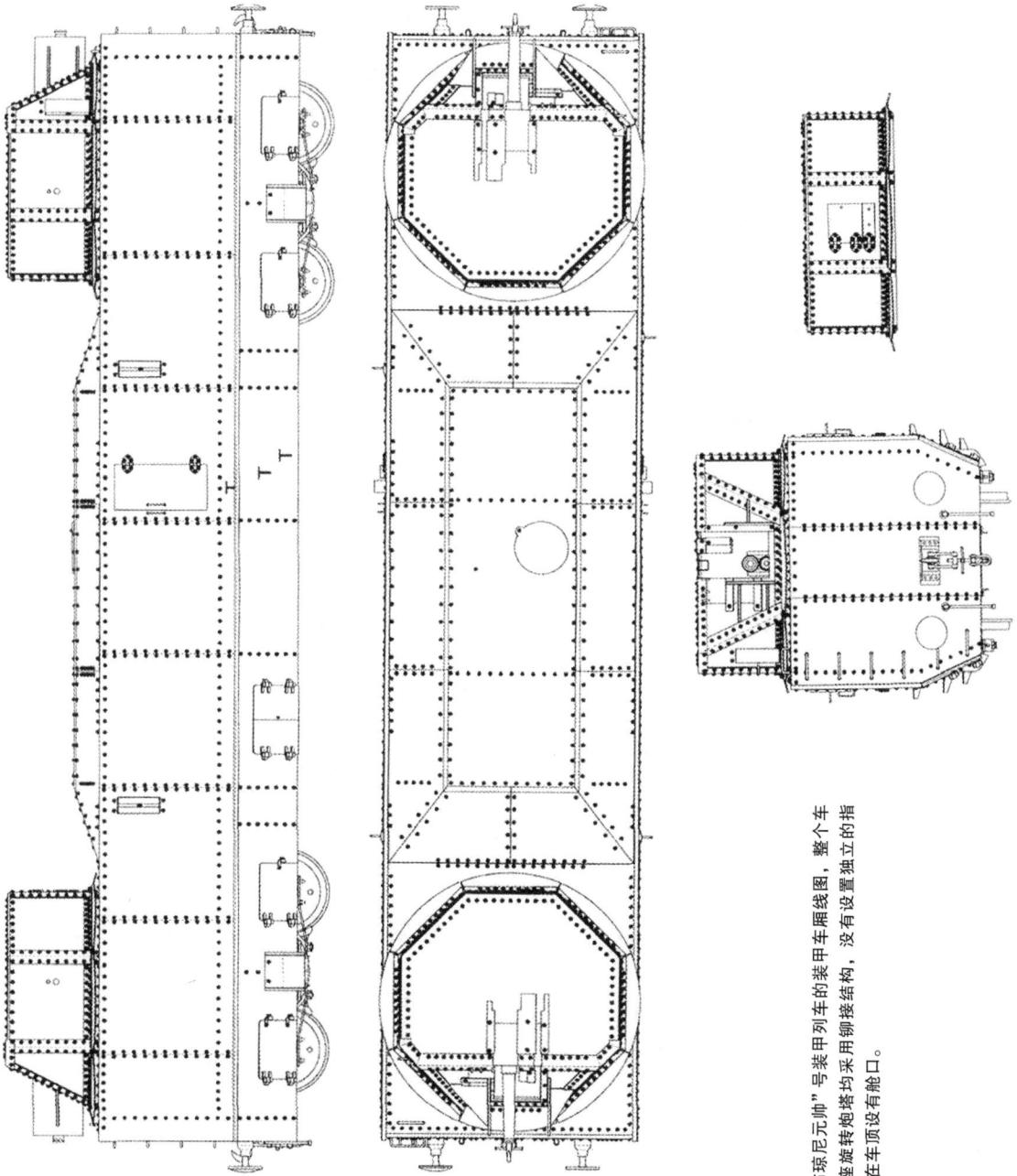

■ "布琼尼元帅"号装甲列车的装甲车厢线图，整个车厢和2座旋转炮塔均采用铆接结构，没有设置独立的指挥塔，在车顶设有舱口。

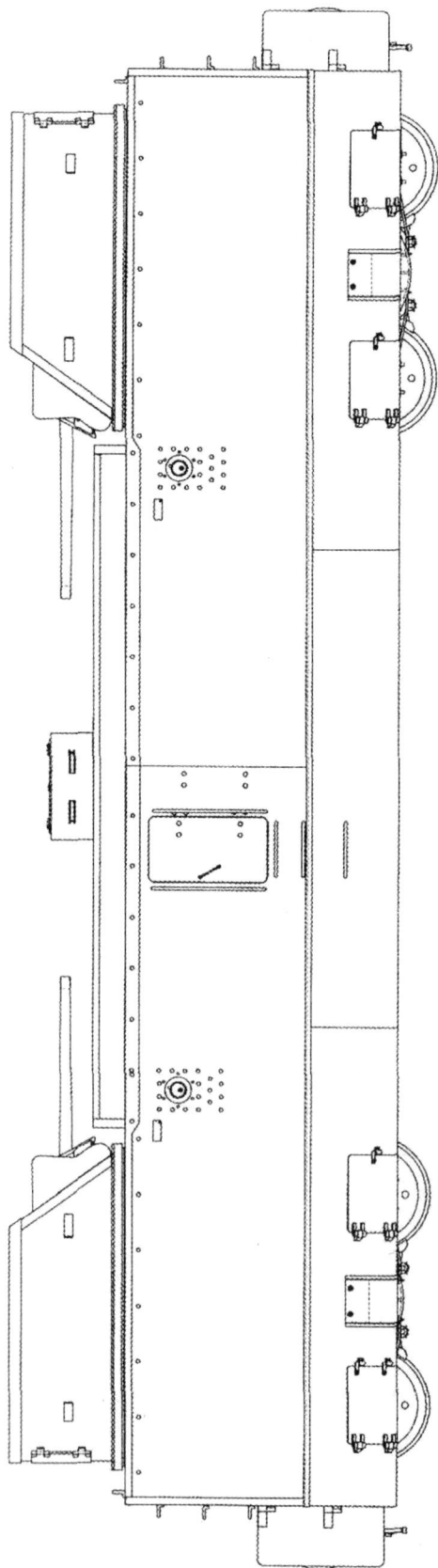

■ 上图是第52独立装甲列车营"坦波夫工人"号装甲列车的车厢侧视图,该型车厢属于NKPS-42型,由坦波夫机车厂于1941年12月生产,装备2门F-34型76.2毫米坦克炮,另外还配备有6挺机枪。

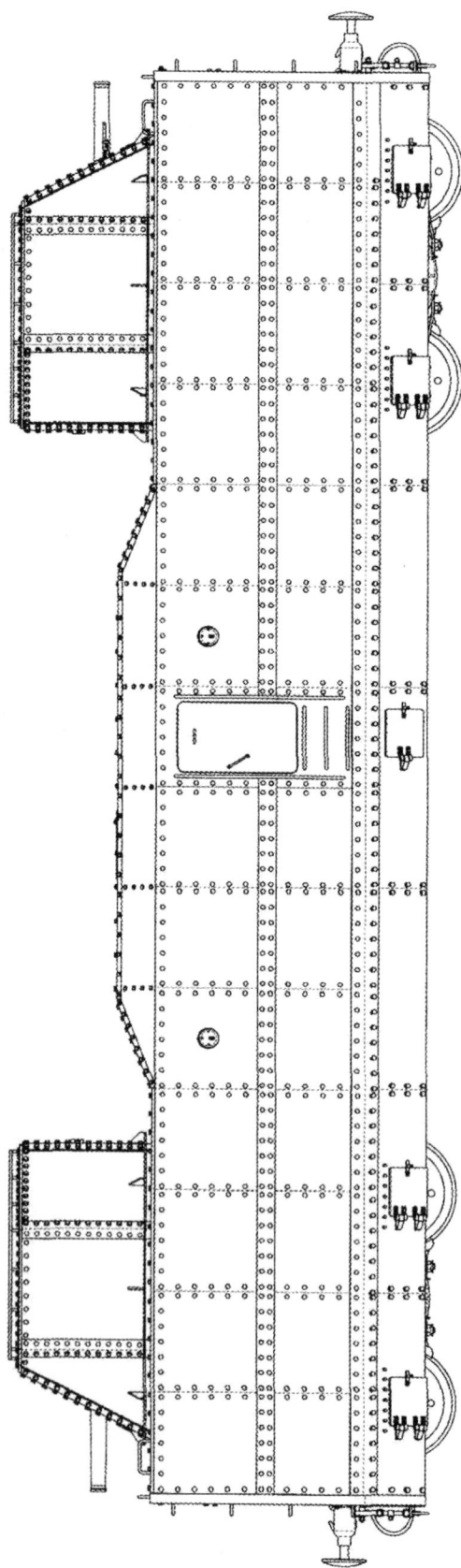

■ 下图是第43独立装甲列车营2号装甲列车的车厢侧视图,该型车厢也属于NKPS-42型,配备2门76毫米高射炮及6挺DT机枪,装甲最厚处达45毫米,由位于乌克兰乌克那夫卡的6号坦克修理厂于1941年11月生产。

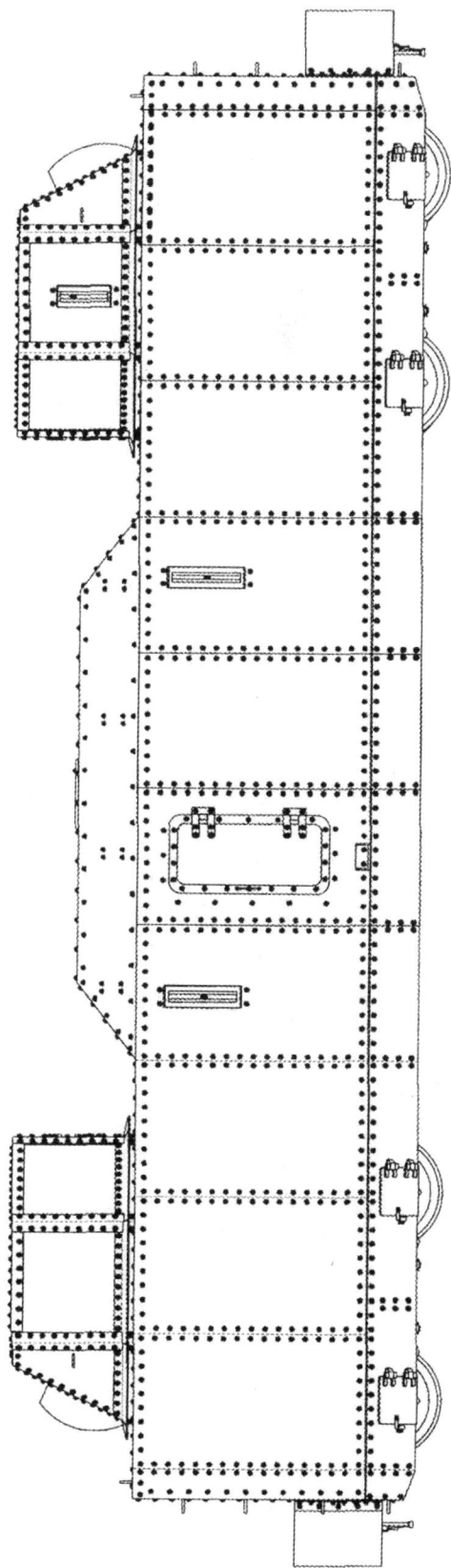

■ 上图是第50独立装甲车营1号装甲列车的车厢侧视图，属于 NKPS-42型，车载武器包括2门 M1927型76毫米野战炮和6挺波兰勃朗宁机枪，该车由雅罗斯拉夫尔机车制造厂于1942年1月生产。

■ 下图是第45独立装甲车营2号"里索夫政委"号装甲列车的车厢侧视图，该车由波塔瓦尔塔加里宁机车车辆厂在1942年2月生产，该车武备包括2门 CT-28型76毫米炮、4挺 DT 机枪和2挺 PV-1型高射机枪。

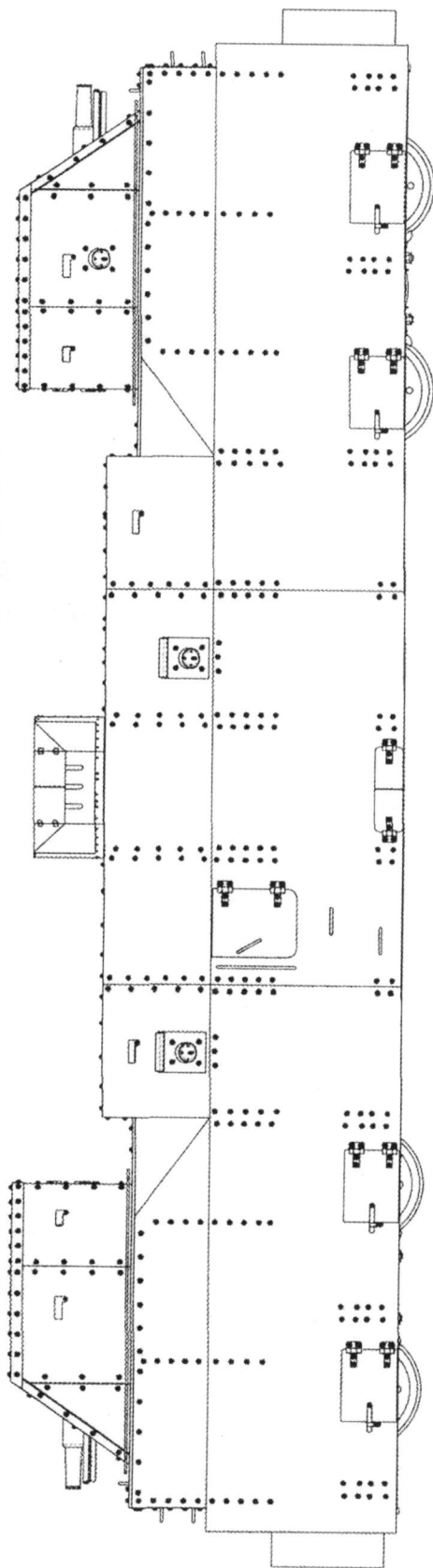

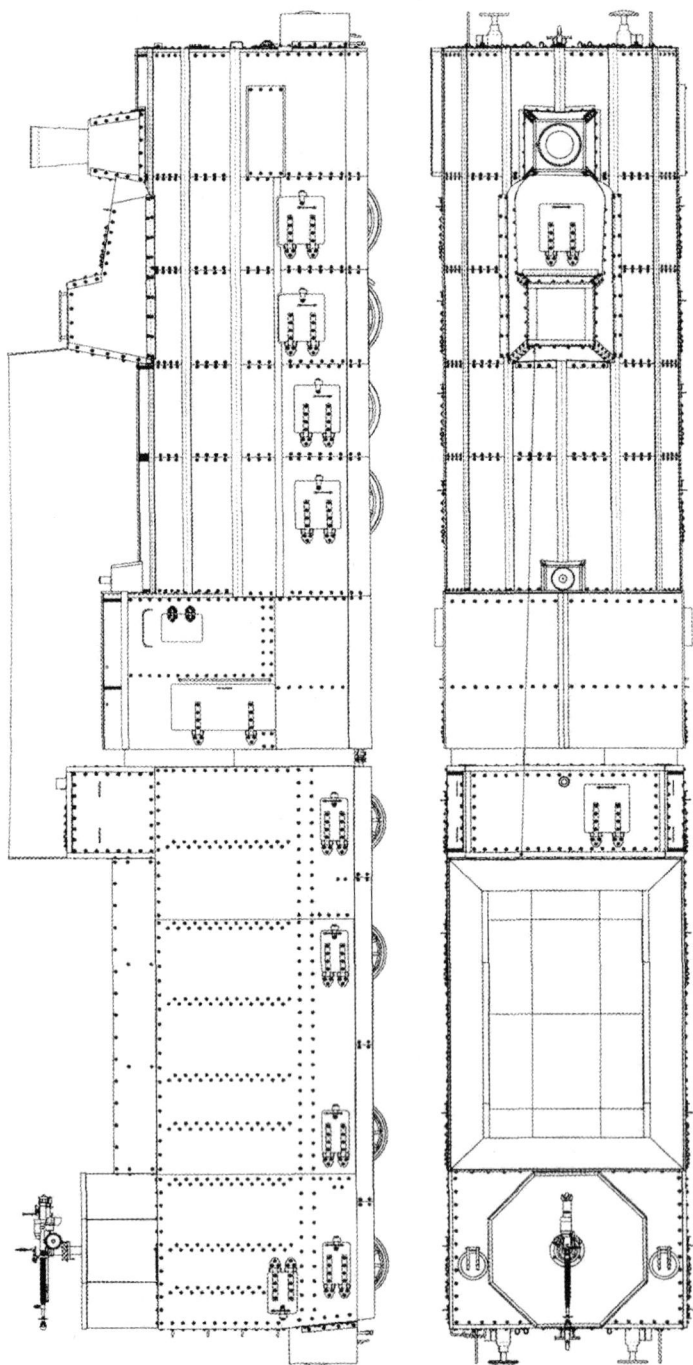

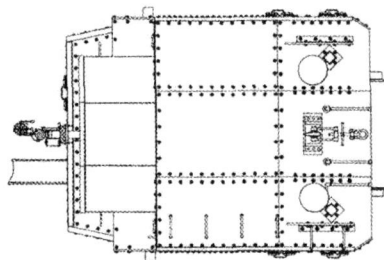

■ 本页组图是第44独立装甲列车营2号装甲车的第5676号装甲机车（属OB-3型）四视线图。该车是莫洛托夫工厂在1942年4月生产的，锅炉外侧装甲体装甲厚度为40毫米，指挥塔装甲厚度及车体装甲厚度为45毫米，防空塔装甲厚度为35毫米，该车对外通讯设备为"第聂伯"电台，防空塔上配备1挺12.7毫米德什卡机枪。

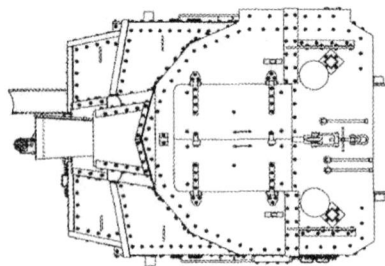

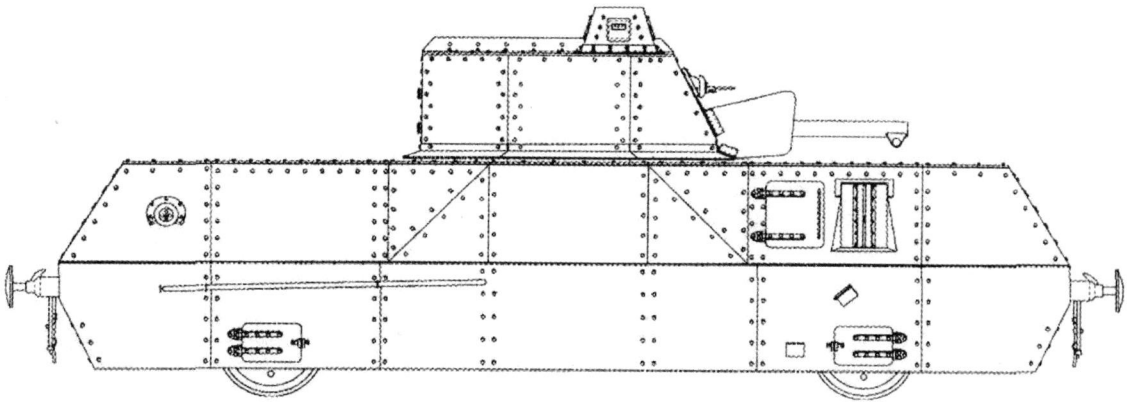

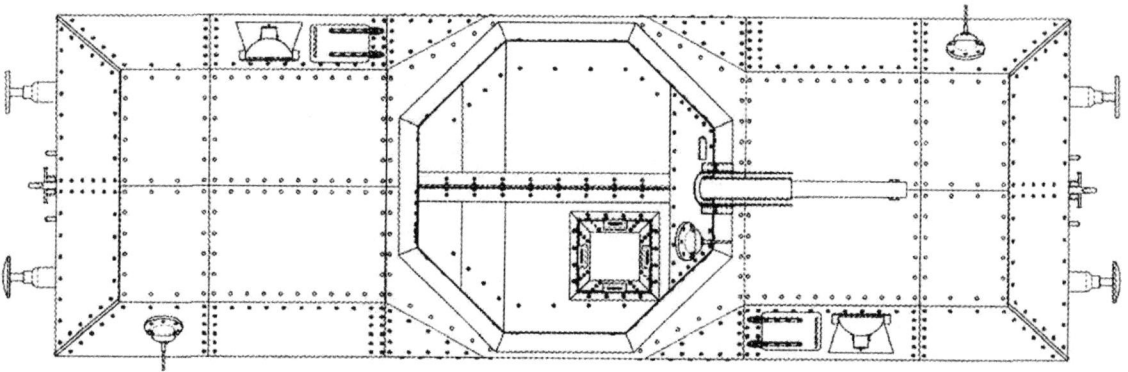

■ 本页组图是第38独立装甲列车营1号"车里雅宾斯克铁路工人"号装甲列车的车厢四视线图，该车属OB-3型（军方编号No.878），配备1门法制M1897型75毫米野战炮、2挺波兰制7.92毫米勃朗宁机枪、3挺7.62毫米DT机枪，车身采用双层装甲板中间加装填充物的夹层装甲结构，厚度为80毫米，炮塔装甲厚约11~21毫米，该车是1942年2月在车里雅宾斯克机车车辆厂生产的。

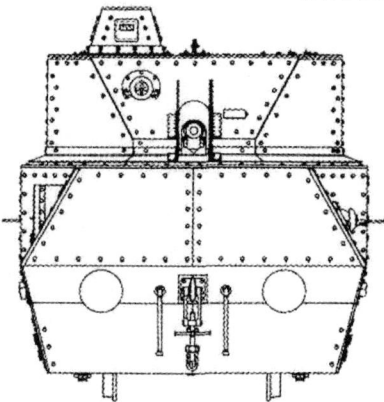

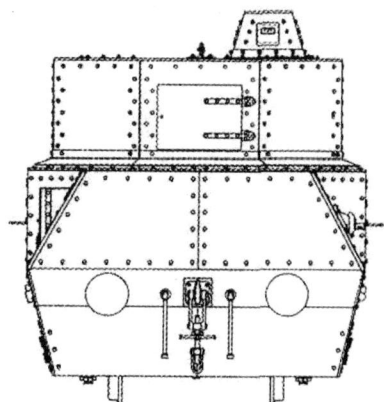

■ 本页及对页是厂方提供的 OB-3 型装甲列车炮塔结构图。

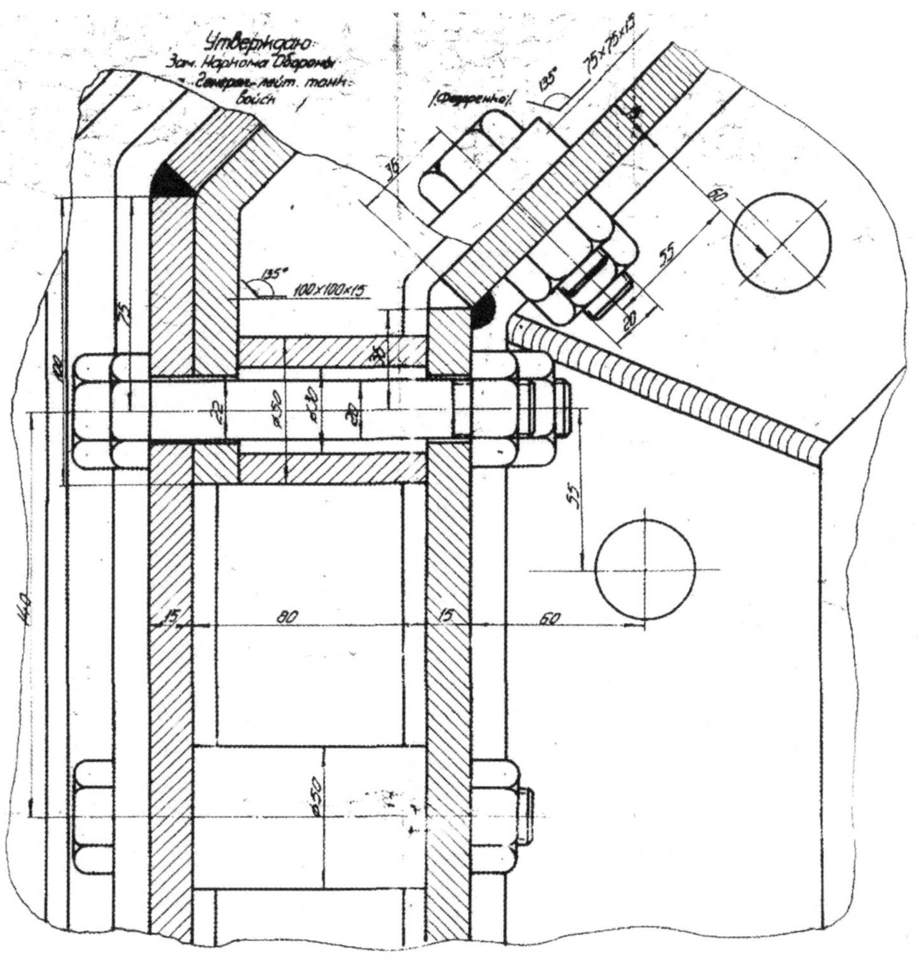

Перспективная схема расположения приборов.

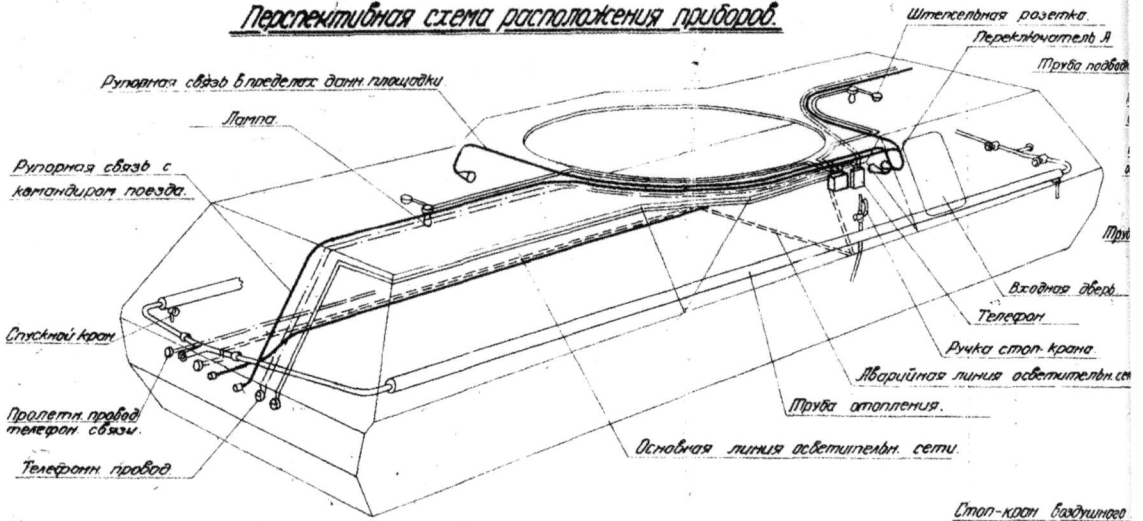

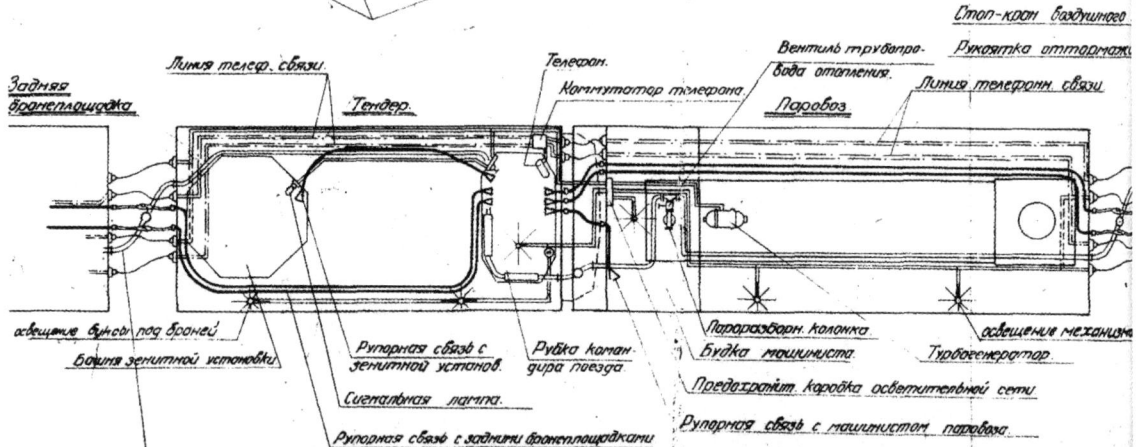

Рупорная связь в пределах данн площадки

Лампа.

Рупорная связь с командиром поезда.

Спускной кран.

Пролетн. провод телефон. связи

Телефонн. провод

Штепсельная розетка.

Переключатель Я

Труба подвод

Входная дверь

Телефон

Ручка стоп-крана

Аварийная линия осветельн. сет

Труба отопления

Основная линия осветительн. сети.

Задняя бронеплощадка

Линия телеф. связи.

Тендер.

Телефон.

Коммутатор телефона.

Паровоз

Стоп-кран воздушного

Рукоятка оттормаж

Вентиль трубопро- вода отопления

Линия телефонн. связи

освещение бунси под броней

Башня зенитной установки.

Рупорная связь с зенитной установ.

Рубка команди- ра поезда.

Сигнальная лампа.

Паровоз. колонка

Будка машиниста.

Предохранит. коробка осветительной сети.

освещение механизма

Турбогенератор.

Рупорная связь с машинистом паровоза.

Рупорная связь с задними бронеплощадками

Рукава отопления.

Примечания.

■ 本页及对页是厂方提供的 OB-3 型装甲列车内部蒸汽加热管线、喇叭、车内照明、车内通话器及灯光信号管线的布置图。

Сечение по М-Н.

ш светит. сети к лампе.
Тр рупорной связи
с мандиром поезда
Тр проводки
осветительн. сети.
2000   228
Телефон пробол
За топлен.
Труба отопления
Пролетный провод телефонной
связи (можно тянуть внутри площадки).
Аварийная линия осветительной сети.
По карк. 3140
3240
Пролетная труба рупорной связи.

Переключатель А
для рупорной связи

Переключатель можно заме-
нить двумя рупорами.
Труба одбик
"Г"-1¼"
Труба отопления
(использ жаровая труба)

Рупорная связь с командиром поезда.
Пролетный провод телеф. связи
Рупорная связь в пределах данной площадки.
Пролетная труба рупорной связи
Телефон
Линия осветительн. сети
Штепсельная розетка
для перенос. лампы
Вентиль
I передняя бронеплощадка
II передняя бронеплощадка

Центр
башни

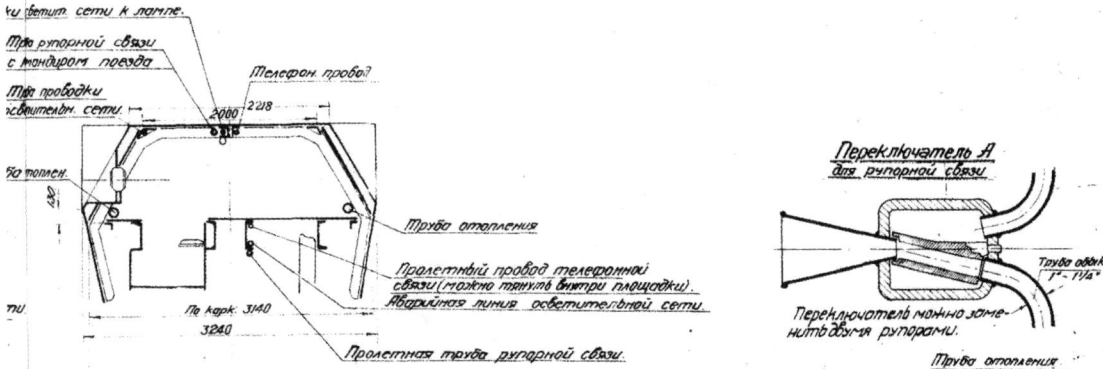

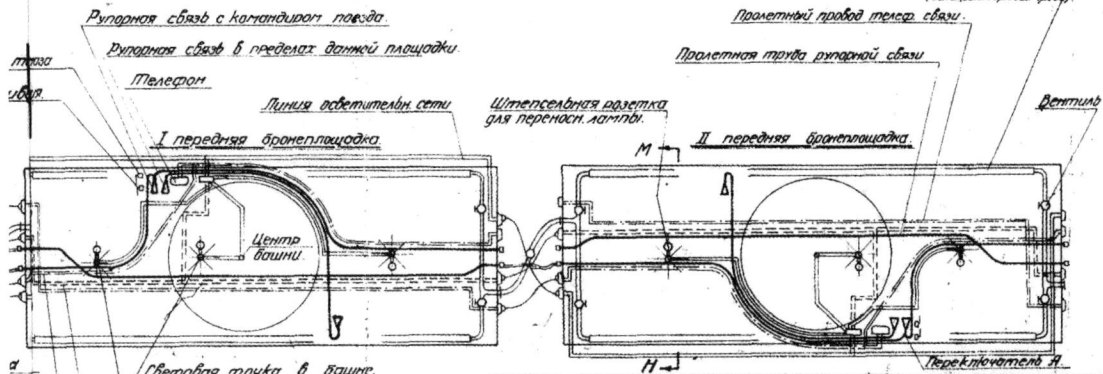

Световая точка в башне.
Световые точки в отсеках бронеплощ.
Аварийная линия осветительной сети.
Линия телефонной связи.

розетки в башне предусмотреть освещение
командной рейки, наблюдаемой в специальное
окно в стенке.
Лампы в отсеках бронеплощадки
располагать горизонтально.

Поезд из 2ꭓ осных бронеплощадок БП-3		Дата бап.	
Схема расположения труб отопления, электроосвеще- ния, световой, рупорной и телефонной связи в поезде.		11/VIII -1941г.	
Конструктор:		ЦТ - НКПС	Чертеж
Проверил:			№
Нач. техн. отд.		Отдел строительства бронепоездов.	06-Х-11
Нач. отд. строит. бронепоездов. НКПС			
Нач. отд. формиров. бронеп. ГАБТУ ПКО.			

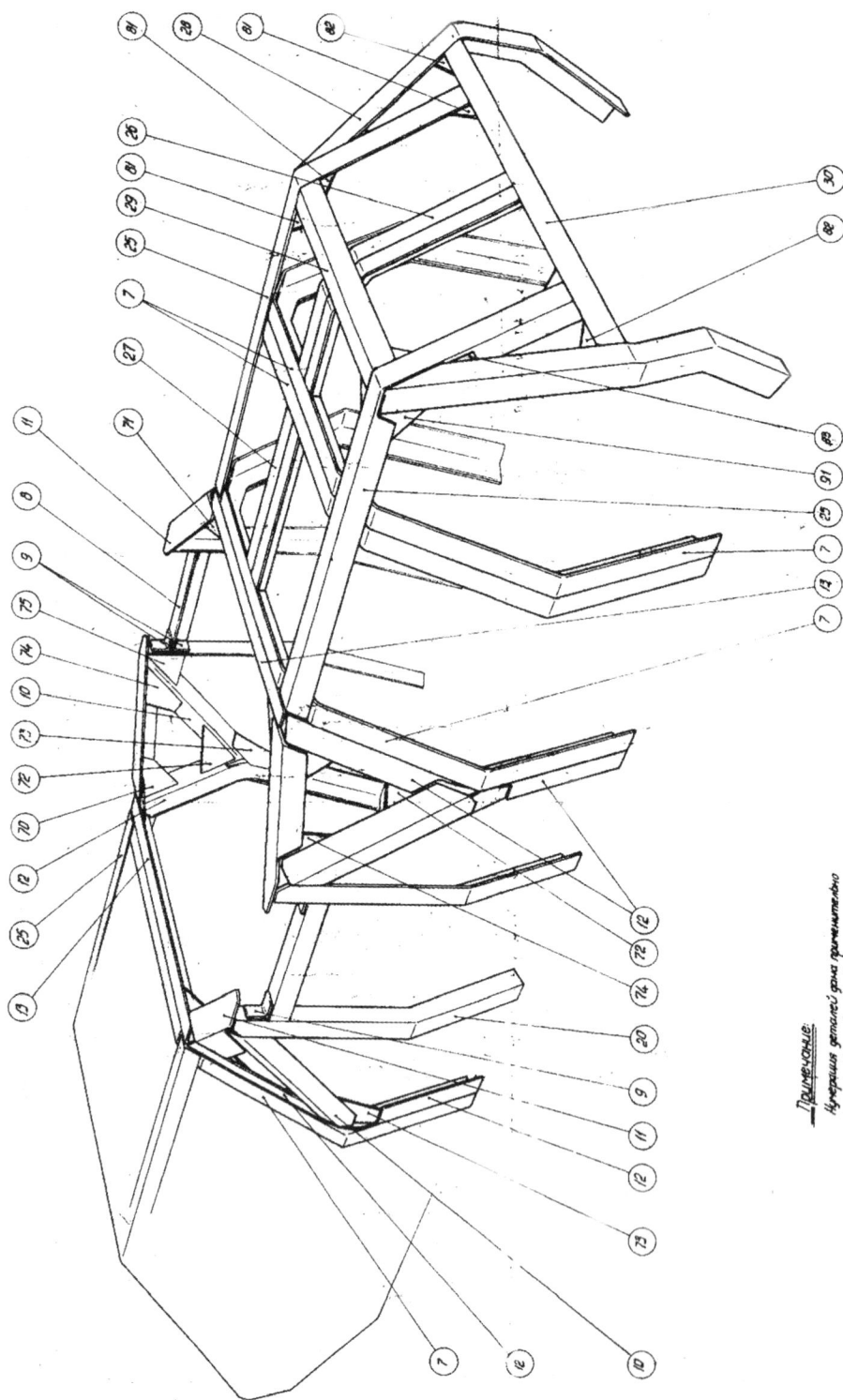

■ 本页是工厂提供的 OB-3 型装甲列车车身装甲框架结构图。

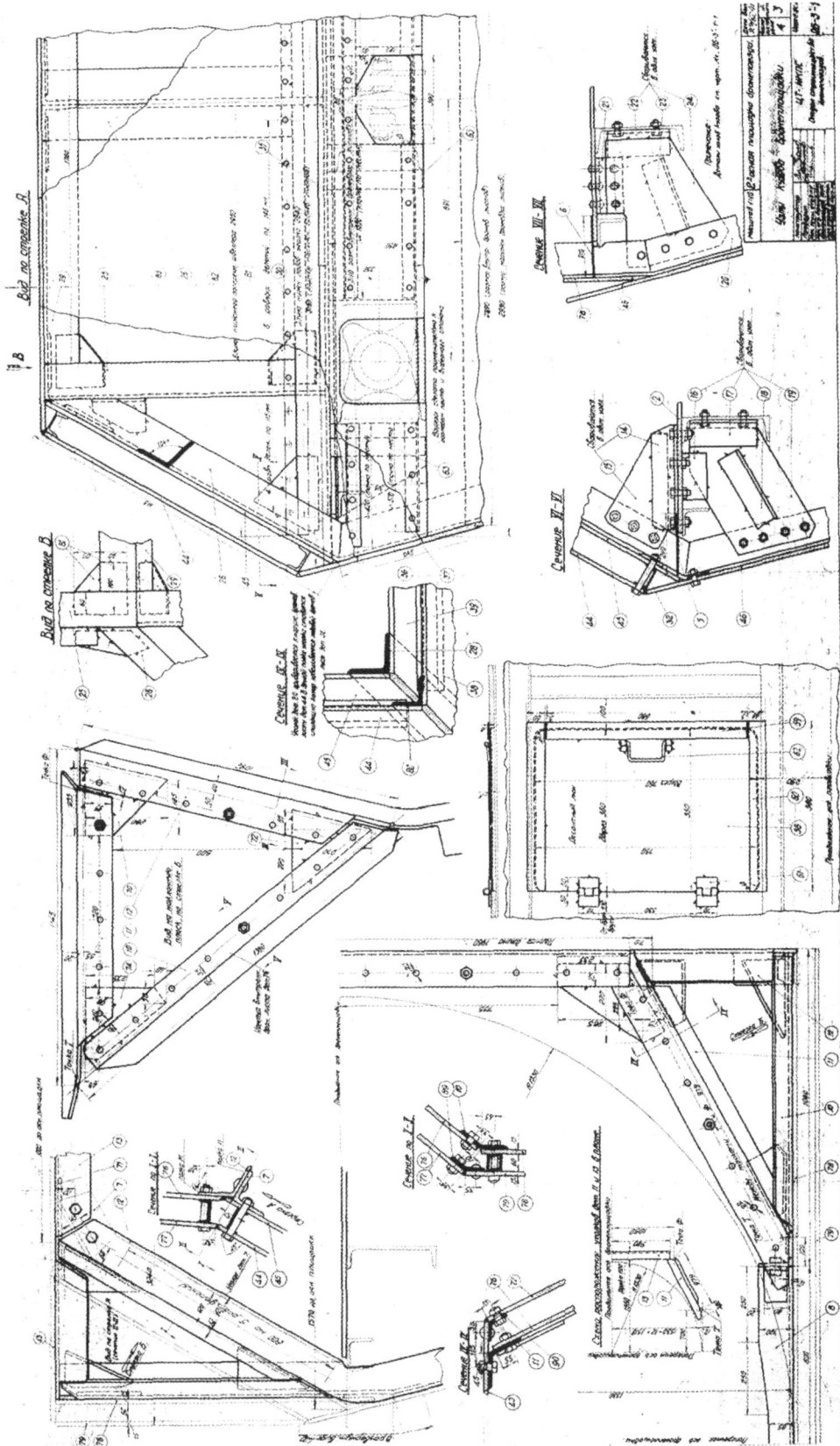

■ 本页是工厂提供的 OB-3 型装甲列车车身装甲铆接结构施工图。

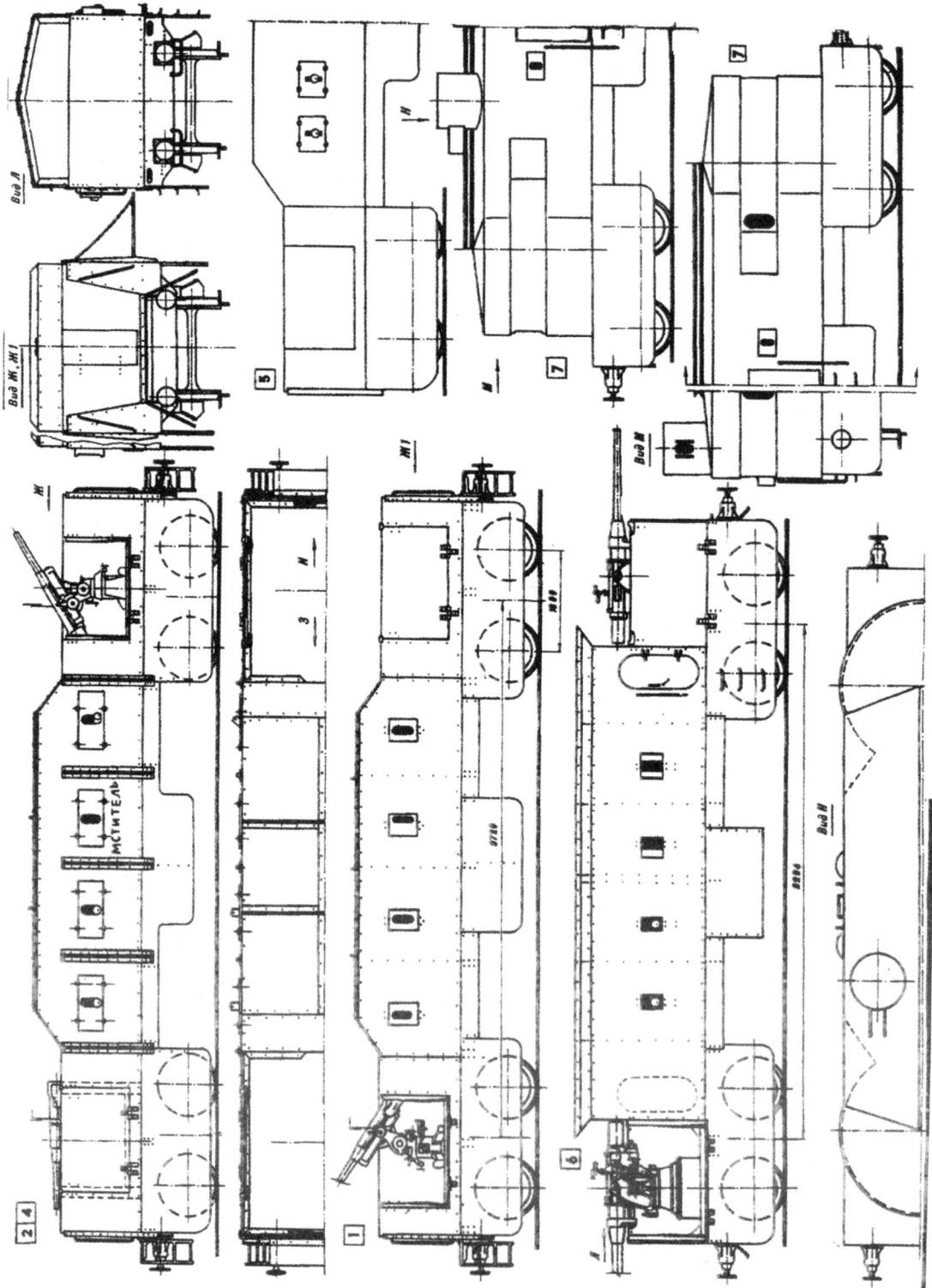

■ 本页组图为"恩斯特"号装甲列车的车厢线图，该列车拥有两款不同样式的装甲车厢。

■ 上图是1944年夏, 隶属于第1波罗的海方面军第60独立装甲列车营的"乌法"号装甲列车的一幅战地留影, 该车属于BP-43型装甲列车, 图中显示了该车的两节装甲车厢, 安装了标准的T-34/76型坦克炮塔。

■ 下图是第1独立装甲列车教导团所属BP-43型装甲列车的车组成员在完成射击训练后, 正在清理车厢炮塔上的76.2毫米坦克炮, 这幅照片可以从近距离观察该型列车装备的1943年型T-34/76坦克炮塔的细节。

■ 上图是 BP-43 型装甲列车的装甲机车，该型列车最初采用 PR-43 型机车，后来改为标准的 OW 系列机车。

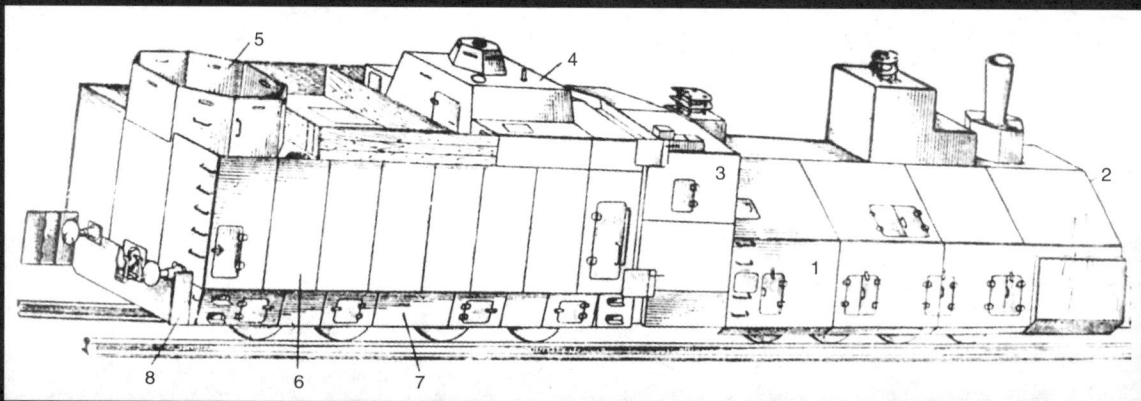

■ 上图是 BP-43 型装甲列车的装甲机车图解：1. 锅炉侧面装甲；2. 前部装甲板；3. 装甲驾驶室；4. 指挥塔；5. 防空塔；6. 侧部装甲；7. 行走机构护板；8. 车厢连接处绞链装甲板。

■ 下图是 BP-43 型装甲列车上装备的 120 毫米重迫击炮正在向敌军猛烈开火，除了标准武器外装甲列车也会加装其他武器。

■ 上图及下图是在同一地点拍摄的两列刚完成装配的 BP-43 型装甲列车，清晰地显示出 BP-43 型装甲列车的车厢编组中包括4节安装 T-34/76 型坦克炮塔的火炮车厢，在上图左侧还能看到一节防空车厢。

■ 下图是 1944 年在塔什干机车厂生产的"乌兹别克斯坦共青团员"号装甲列车，属于 BP-43 型，拍摄于火炮车厢和防空车厢的连接处。

■ 上图是1943年9月12日，第1独立装甲列车教导团举行的一次庆典阅兵，一列 BR–43型装甲列车被用作临时的检阅台。

■ 上图是1943年夏，第1独立装甲列车教导团的 BP–43型装甲列车正在进行火炮射击训练，其中1座炮塔上有人探出身子观察。

■ 下图是1943年7月库尔斯克会战期间在沃罗涅日前线被德军坦克和飞机摧毁的764号"莫斯科地铁"号装甲列车，该车属于 BP–43型，德军士兵正在仔细检查"莫斯科地铁"号装甲列车，这张照片被刊载在当月的《信号》杂志上。

■ 右图是 OB-3 型装甲列车的装甲机车。

■ 右图是战争初期 NKMS-42 型装甲列车的装甲机车。

■ 右图是 BP-43 型装甲列车的装甲机车，该型装甲列车是苏军列装的最后一型装甲列车，也被认为是最佳型号。

■ 上图是某本杂志刊登的一幅图画,反映了"科斯马·米宁"号装甲列车进行战斗的场面,图中装甲车厢上的2座T-34型炮塔正向一侧射击,近处是防空车厢的37毫米高射炮。

■ 左图是在圣彼得堡海军博物馆展出的一具火箭弹发射器,它可以被装载到军舰或装甲列车上。

■ 上图是独立第31特种装甲列车师"科斯马·米宁"号装甲列车的 No.139 型装甲机车，它采用了经过表面硬化处理的新型装甲板，各处装甲板的厚度为20毫米、30毫米和45毫米。

■ 下图是1943年春，正在铁路线上行进的独立第31特种装甲列车师"科斯马·米宁"号装甲列车的混合型装甲车厢特写，请注意其装备的 M-8 型82毫米火箭弹发射器，在其后方还隐约能看到1门直指天空的37毫米高射炮。

■ 上图是1942年2月，高尔基工厂生产的"科斯马·米宁"号装甲列车，其装甲车厢采用45毫米厚的表面硬化装甲板焊接而成，配备2座T-34/76型坦克炮塔，该列车完成后配属于独立第31特种装甲列车师。

■ 下图是"科斯马·米宁"号装甲列车混合型装甲车厢特写，车厢两端搭载有2门37毫米高射炮，车厢中部凸起的装甲舱室内安装了一部可升降的M-8型火箭弹发射器。

■ 上图是1942年3月在莫斯科，一位苏军高级将领正在视察第31特种装甲列车师的"科斯马·米宁"号装甲列车。

■ 下图是1944年夏，第31特种装甲列车师第659号"科斯玛·米宁"号装甲列车的官兵们在炮塔上合影，请注意车身涂绘的三色迷彩。

特种防空装甲列车

虽然在苏德战争初期，苏军一直在强调集中运用装甲列车的威力，将其视为极具机动性的火力支援平台，但是在这场全新形式的战争中，装甲列车再也未能重现内战时期的荣光，没有任何权威资料显示在一场以地雷、坦克、重炮和飞机为主的军事行动中苏军装甲列车是否起到过主导作用，实际上在1941年夏季至1942年初，装甲列车与苏联战争机器的其他部分一样蒙受了严重损失。实战表明，坦克作为一种装甲火力平台，其作用明显超越装甲列车，随着战争期间坦克的装甲防护、火力及机动性的快速发展，它已经远远把笨拙的装甲列车抛在身后。

尽管面对这个严酷的现实，苏联人依然执着地发展和使用装甲列车，没有将其从装备序列中淘汰掉。苏军承认装甲列车已经不能取代坦克和火炮担当进攻的主要角色，但坚持认为在某些适当的区域或战场条件下装甲列车凭借强大的火力和优越的机动性仍然可以为地面部队提供有力的支援，还能够执行某些特定的任务，比如作为机动防空平台保护铁路及沿线重要目标免于空袭。在战争中后期，苏军在装甲列车上加装了各式防空武器，或者将多节防空车厢编组为专门执行防空任务的列车，从而形成了一系列特种防空装甲列车，并在实战中发挥了重要作用。

特种防空装甲车的编组和武器配置并没有统一的规范，最初仅是在普通装甲列车上加装防空武器，或根据需要由作战部队自行编组构成，后来逐渐形成由多节防空车厢及支援车厢构成的专职防空列车。根据现存的照片，防空装甲列车早期的标准武器是安装在高仰角支架上的四联装7.62毫米马克沁机枪，后来被12.7毫米高射机枪和中小口径高射炮所取代，此外还有很多防空武器是在战场上就地取材，临时安装的。来自苏军的战报显示，特种防空装甲列车通常被用于保护铁路枢纽、桥梁、隧道等重要目标，同时也为通往前线地带的铁路线提供防空掩护，并在很多战

■ 战场即时改装的防空车厢：将1辆搭载四联装马克沁机枪的卡车装上一节由装甲列车牵引的平板车厢上。

斗中表现突出。在苏联于1986年出版的一本书中记载,《红星报》曾报道了独立的特种防空装甲列车"布尔什维克"号(Bolshevik)从1942年1月到战争结束,总行程达13000公里,在防空战斗中总计击落了30架德军飞机,保护了漫长的铁路线。根据文章报道,这列防空装甲列车拥有大量中小口径高射炮和大口径机枪。

值得注意的是,特种防空装甲列车在编制上并不属于陆军的装甲列车部队,而是隶属于国土防空军,比如前面提到的"布尔什维克"号列车在1942年2月就属于"沃罗涅日－鲍里苏格布斯克"防空师。与普通装甲列车的车组有所不同,防空列车的指挥员及车组成员都被训练成防空炮手,而且其中相当一部分人是应征入伍的女性,她们也被训练成炮手或接线员。在防空列车部署在沿

■ 早期的特制防空车厢,在平板车厢上安装一个带有四联装马克沁机枪的装甲塔。

海地区或用于保护港口时,其车组经常由失去战舰的海军水兵组成,他们在驾驭这些"陆地战舰"时也同样得心应手。在一列防空装甲列车上通常由一名指挥员领导全车,在他麾下有数名观察员、测距手和负责通信保障的通信分队,所有高射炮手按照车厢组成多个火力分队,负责操纵武器。

■ 苏德战争初期,一列苏军装甲列车在进行对空警戒,装甲车厢炮塔中的火炮都呈高仰角姿态,每座炮塔上都站着一名对空瞭望手。

■ 上图是配属于"为了斯大林"号装甲列车的简易防空车厢，在车厢中间的开放式装甲舱内仅安装了1挺12.7毫米德什卡重机枪，火力相对贫弱，对操作人员也缺乏保护。

■ 下图是"为了斯大林"号装甲列车配属的另一种类型的防空车厢，相对于上图的简易防空车厢，该型车厢配备了37毫米高射炮，火力得到增强，并加装了弧形防盾，提高了对炮组成员的保护。

■ 上图是由斯登莫斯特工厂生产的防空车厢，在一节平板车厢上安装了三个方形防空塔，各配置1挺12.7毫米德什卡重机枪。

■ 下图是一列正在执行防空任务的防空装甲列车，编号不明，其装备的德什卡机枪和25毫米高射炮正指向敌机可能来袭的方向。

■ 上图是第32独立装甲列车营1号装甲列车的防空车厢，由斯登莫斯特工厂在1942年1月至2月间生产，装备1门25毫米高射炮和1挺12.7毫米德什卡重机枪。

■ 左中图是隶属于第55独立装甲列车营的2号"科洛姆纳工人"号装甲列车的防空车厢，它于1942年1月在古比雪夫的科洛姆纳工厂生产，装备有25毫米或37毫米高射炮和数挺DT型机枪。

■ 左下图是隶属于第10独立装甲列车营的2号"人民复仇者"号装甲列车的防空车厢，该车厢装备2门25毫米高射炮，是斯登莫斯特工厂于1942年2月生产的。

■ 上图是配备给第53独立装甲车营1号装甲列车的防空车厢，由斯登莫斯特工厂于1942年4月生产，配备2挺12.7毫米德什卡重机枪。

■ 下图是第49装甲列车营2号装甲列车的一节防空车厢，车厢上配备1挺12.7毫米德什卡重机枪和1座三联装7.62毫米DT型机枪。

■ 上图是一节防空车厢的四联装马克沁重机枪的近距离特写，注意右侧的对空瞭望手。当机枪不使用时可以降入装甲舱内，顶部由两扇大型盖板封闭，图中可以观察到其中一扇盖板。

■ 上图是架设在1座装甲列车炮塔顶部的马克沁重机枪，摄于1941年苏德战争初期，当时苏军装甲列车多加装机枪以应对低空空袭。

■ 上图是苏德战争初期一列苏军装甲列车的留影，注意在机车后方的煤车顶部架设有1挺马克沁重机枪，作为防空武器使用。

■ 随着战争的进行，苏军在装甲列车上加装了大量防空武器以应对空中威胁，上图是安装85毫米高射炮、执行要地防空任务的装甲列车。

■ 下图是一节苏军标准的装甲防空车厢的近照，其2座方形防空塔上配备37毫米高射炮，在防空塔上缘装有活动装甲护板。

■ 本页的三幅照片拍摄于1941年7月，反映了在鲍里索夫战场上被德军摧毁的一列苏军防空装甲列车，有德军士兵在检查这列装甲列车的残骸。从照片上可以发现，这部列车的防空车厢上安装了M1931型76毫米高射炮，所有高射炮都呈对地攻击的平射状态，由此判断可能是被德军地面部队击毁的，在两节装有76毫米高射炮的车厢中间，布置有一节装有四联装马克沁机枪的车厢。

■ 上图是1945年初一列隶属于苏联海军部队的装甲列车正奥拉宁堡地区作战，它的武器不同寻常地全部处于防空状态，这些小口径火炮几乎全是从军舰上拆下来的，近景处的12.7毫米机枪还加装了装甲防盾。

■ 下图是1943年5月在卡累利阿前线作战的苏军防空装甲列车车厢的特写，这列防空装甲车由几节不同型号的车厢临时组合在一起，正处于对空警戒状态，车上的防空武器全部为12.7毫米德什卡机枪。

■ 右图是 BP-43 型装甲列车配备的防空车厢的近照，在2座防空塔上各安装了1门 M1939 型37毫米高射炮，注意防空塔上缘的活动装甲护板呈竖起状态，以增加对炮组成员的防护。

■ 右图是 BP-43 型装甲列车配备的防空车厢将活动装甲护板放下时的状态，以便于高射炮平射地面目标，但这样也降低了对炮组成员的防护。

■ 右图是 BP-43 型装甲列车配备的防空车厢结构图。

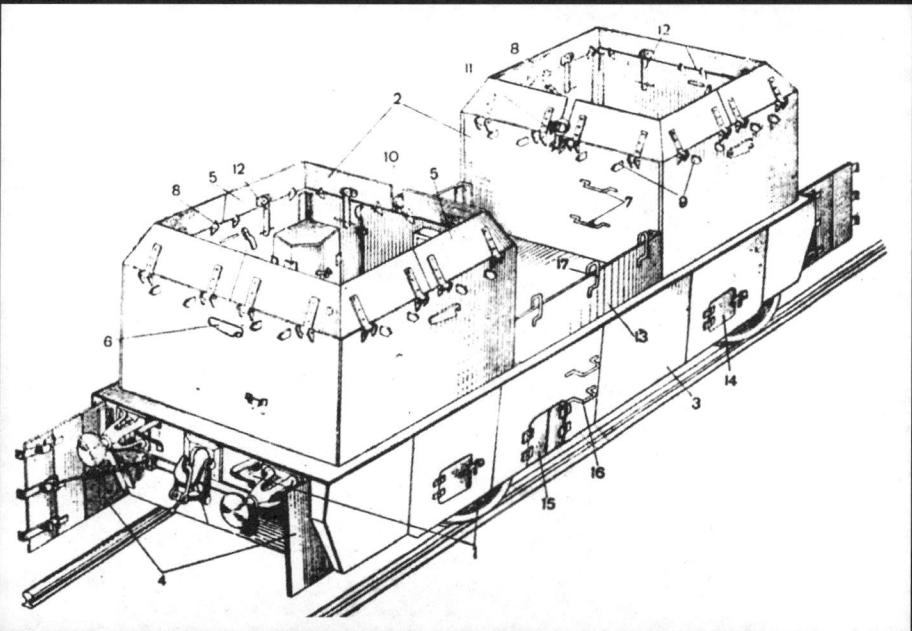

铁道炮

提及装甲列车就会让人想到另一种以铁路作为机动手段的重型武器系统——铁道炮,尽管在各个时期苏军都没有对铁道炮表现出与装甲列车同样的兴趣,但在1917年以后在苏俄军队中服役的相当一部分装甲列车可以归类为铁道炮。

目前已知的苏军早期铁道炮的典型代表是1920年生产的"阿达曼·楚金"号(Ataman Churkin)装甲列车,保存下来的照片显示,在机车前方的一节四轮平板车厢上安装了1门朝向前方的大口径长身管火炮,而在机车后方则是几节普通旅客车厢,但是无法确定这些车厢后方是否还有武装装甲车厢,也无法获知车载重炮的细节信息,但有一个创新举措出现在"阿达曼·楚金"号上,它随车携带了一只系留气球,通过列车自身的绞盘进行收放,炮兵观测员可以在气球上观察方圆20公里范围内的地形,修正火炮弹着点,并为炮兵部队提供目标坐标的精确信息。实际上,在当时很多苏俄装甲列车都配置了这种"耳目"。

■ 上图是在俄国内战时期1门装在铁路平板车厢上的海军舰炮,它是苏联铁道炮的始祖。

■ 下图是1辆被当作纪念碑保存在第聂伯罗彼得罗夫斯克的铁道炮,这部车辆是在1918年内战时期改装的,并参加了乌克兰地区的作战。

■ 今日在位于爱沙尼亚塔林的海军博物馆内展示的苏军356毫米铁道炮模型，其火炮源自一艘沙俄时期未完工的战列巡洋舰。

自20世纪20年代中期，苏联设计师们开始投入新型铁道炮的研发。在1927年，工程师A·G·杜克斯基（A.G. Dukelski）领导的技术团队着手将沙俄时代未完工的战列巡洋舰"伊兹梅尔"号（Izmail）遗留的356毫米舰炮改造为铁道炮，在杜克斯基的提议下，一个专门从事铁道炮设计的特别设计局在1930年成立。在20年代中期，随着苏联国民经济的恢复和国家实力的增强，苏联红军在1924年至1925年间开始实施雄心勃勃的军事改革和现代化计划，其中也包括研发新型铁道炮的一揽子计划。根据这项计划，新型铁道炮将采用现役的海军舰炮，主要有四种口径：130毫米（射程23.5公里）、152毫米（射程30.8公里）、180毫米（射程37.8公里）和356毫米（射程31.2公里）。这项发展计划的目的是将铁道炮与既有的或即将建立的海岸炮台结合起来，保卫苏联漫长的海岸线。既然新型铁道炮采用海军舰炮，又主要用于海防，战时要配合军舰作战，因此其指挥权自然纳入苏联红海军的掌握中，波罗的海舰队和远东太平洋舰队的岸防部队首先装备了铁道炮。苏联军方还在沿海地区规划了拥有众多支线的铁路网以及预设隐蔽阵地，为铁道炮的作战提供便利条件。不过，没有确切资料说明上述计划在二战爆发前进展到何种程度，由于种种原因，

■ 苏军 TM-2-12型305毫米铁道炮，其最大仰角可达45度，炮口初速823米每秒，最大射程可达30.2公里。

■ 1941年10月，1辆 B–57型130毫米铁道炮正准备向德军开火，从其防盾样式判断应该是将海军舰炮直接移植到火车车厢上。

在战争爆发时苏军的新型铁道炮明显没有达到计划中的装备数量。

　　苏军列装的第一种新型铁道炮口径为356毫米，车体总重达340吨，在1932年装备了首批两个铁道炮兵连，每个连队配备3门炮，驻扎在远东太平洋沿岸地区的军事基地内。不久，射程更远、可与敌军战舰交战的180毫米铁道炮也投入服役。1933年，2门305毫米铁道炮也加入了岸防铁道炮兵的战斗序列。在战争爆发时，苏军总共有11个铁道炮兵连被部署在边境上进行防御作战，他们一共装备了35门铁道炮，包括6门356毫米炮、9门305毫米炮和20门180毫米炮。值得一提的是，苏联军方承认铁道炮在其整个作战体系中占据了稳固的位置。与此同时，设计师们还在为保持大口径火炮的机动性而努力工作，举例来说，他们研发成功了安装在履带式底盘上的203毫米榴弹炮，当时其他任何国家都没有与之相当的武器。

　　1941年6月德军开始进攻后，铁道炮部队和海军步兵一起按计划配合作战，支援陆军部队的防御，而最典型的战例就是著名的列宁格勒保卫战。在1941年底德军逼近列宁格勒时，海军战舰、岸炮和铁道炮相互配合，向推进到涅瓦河畔的德军部队发起猛烈炮击，最早投入战斗的是波罗的海舰队的4个重型铁道炮兵连。在1941年8月之后，苏军在极短时间里新建了29个铁道炮兵连，装备了70门铁道炮。这些铁道炮大多是临时改装的，海军武器库里库存的100毫米、130毫米和152毫米舰炮，甚至那些计划用于新造战舰的火炮都被拿来放置在适合在铁路上行驶的平台上，不仅如此，那些被炸沉、炸伤的军舰上的火炮也拆下来用于改装铁道炮，就连十月革命纪念舰"阿芙乐尔"号巡洋舰（Aurora）的舰炮已不能幸免。由于时间紧迫，铁道炮的改装工作被大幅简化，多是将完整的舰炮整个搬到火车上——这是在20世纪20年代已经有过先例的做法——一些结构相对简单的单管舰炮甚至不做任何改装就被直接安装到平板车厢上。通过这种方法，苏军获得了足够的铁道炮用于支援列宁格勒的防御作战。

大部分铁道炮都在列宁格勒附近参加了战斗，它们与两列战前属于边防军的装甲列车（每列有6节车厢），还有海军岸炮部队一起并肩作战。通过铁路机动的铁道炮无论在威力和射程上都远远超过通常的陆军野战炮，尽管铁路线时常遭到破坏，而且还需要花费大量的时间精力进行伪装，铁道炮部队依然在保卫列宁格勒的战斗中发挥了强大而有效的支援作用。列宁格勒市区及周边地区密集的铁路网十分便于铁道炮机动，它们可以在多个隐蔽的发射阵地之间转移，出其不意地向德军实施火力打击。由于射程较远，机动灵活，铁道炮通常用于对德军后方纵深目标实施火力奇袭，尤其是对德军指挥部、后勤基地、防御工事和部队集结地进行火力覆盖。

1942年1月8日，在列宁格勒地区作战的铁道炮部队被统一编成为第101海军炮兵旅，并直接隶属于最高统帅部，在随后的战争中，这支部队的番号多次改变并几经重组。在1942年时，第101海军炮兵旅装备了64门铁道炮，包括130毫米、152毫米、180毫米、305毫米和356毫米炮，

它们根据战局需要配属于陆军部队，为后者提供支援。根据苏联方面的资料，列宁格勒战区的铁道炮部队在1942年至1943年间发射了144000发炮弹，而且他们攻击的都是战线纵深地带的高价值目标，同时还能够封锁从列宁格勒至喀琅施塔德的德军海上运输线。此外，铁道炮部队还充分利用海军舰炮射程远、威力大的优势，对德军炮兵阵地实施火力压制。为了配合铁道炮部队作战，苏联空军还派出航空单位帮助炮兵们侦察目标、修正炮击方位，这些单位包括一个特别空军中队和第3飞艇营，后者使用几只系留气球观察敌方战线一侧的重要目标。

1943年10月，随着列宁格勒周边战局的缓和，苏军最高统帅部要求从前线撤出部分海军铁道炮，将其加强给海岸炮兵部队，使这些火炮回归其原本担当的角色。但是，其他部队中仍有不少铁道炮在继续作战，比如在莫斯科前线的第200炮兵营就装备有20门100毫米、130毫米和152毫米铁道炮，第193炮兵营也拥有10门100毫米和152毫米铁道炮，一个独立的152毫米铁道炮兵连曾在斯大林格勒（Stalingrad）附近作战。

■ 在列宁格勒战场作战的苏军 TM-1-180型180毫米铁道炮，注意其射击时放下的助锄，后部炮身被一个大型装甲护罩覆盖。

在战争后期，来自列宁格勒的铁道炮部队也加入苏军的大反攻之中，被用于摧毁德军的特殊目标。在1944年，铁道炮部队协助友军摧毁了维堡（Vyborg）的防御工事，并压制了部署在梅梅尔（Memel）的德军炮兵阵地。两个铁道炮兵团（一个装备10门180毫米炮、9门130毫米炮和12门152毫米炮，另一个装备17门130毫米炮）随后参加了波罗的海沿岸地区的进攻作战。

■ 1943年7月28日列宁格勒前线，1辆B-57型130毫米铁道炮正在轰击德军防线。

1945年4月，数个铁道炮兵营参加了对柯尼斯堡（Konigsberg）和皮劳（Pillau）的进攻，这些火炮在德军炮兵无法反制的距离上开火，成功压制了德军数个坚固要塞的火力。从1943年12月至1945年6月，有6个铁道炮兵营的62门130～180毫米的铁道炮配合陆军部队作战，它们在837次战斗任务中发射了15028发炮弹，在此期间击沉了8艘德军舰船，击伤5艘，还摧毁了7列运输火车和22个重要据点的坚固防御阵地，在伟大卫国战争的史册上留下了不可磨灭的一笔。

随着二战结束，苏军铁道炮也销声匿迹了，包括岸防导弹在内的新型岸防武器无论在射程上还是威力上都远胜于铁道炮，迅速将其取代。如今人们只能从海军博物馆中的少量图片和模型中寻找这些铁道炮的身影。不过，至少有1门铁道炮得以完整地保留下来而得以让公众观瞻，这门安装在旋转炮架和炮塔内的152毫米铁道炮被陈列在塞瓦斯托波尔附近的一处火车站旁边。

■ 1944年3月17日，1门正在向德军开火的B-57型铁道炮，车身上书写着"为了祖国！为了斯大林！向敌人开火！"的醒目标语。

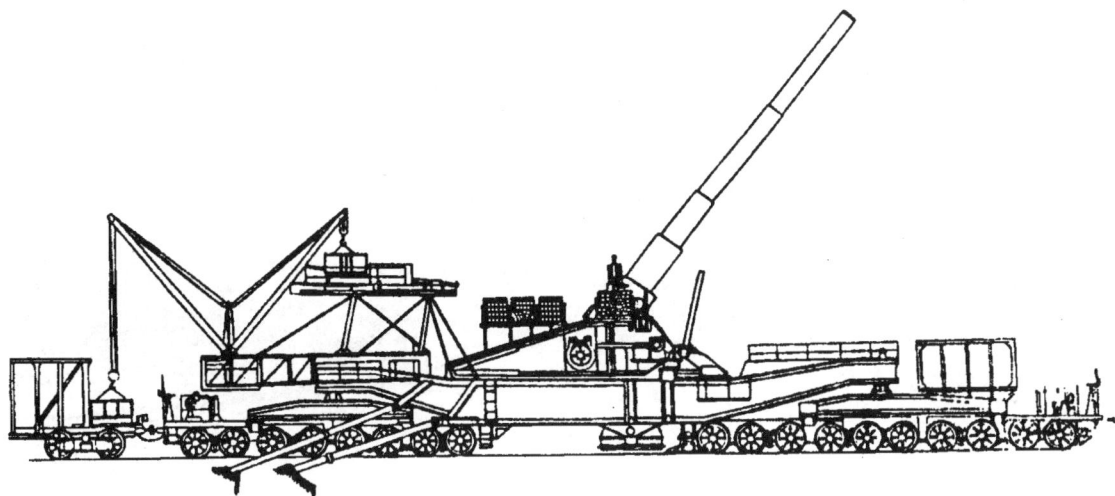

■ 上图是 TM-1-14 型 356 毫米铁道炮侧视线图，其型号名称中的"14"表示 14 英寸口径炮口（356 毫米）。

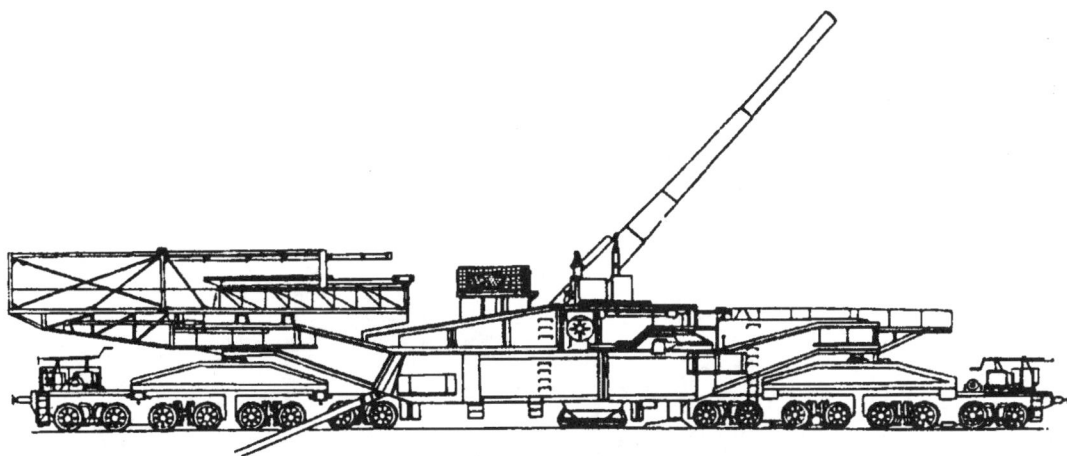

■ 上图是 TM-2-12 型 305 毫米铁道炮侧视线图，其型号名称中的"12"表示 12 英寸口径炮口（305 毫米）。

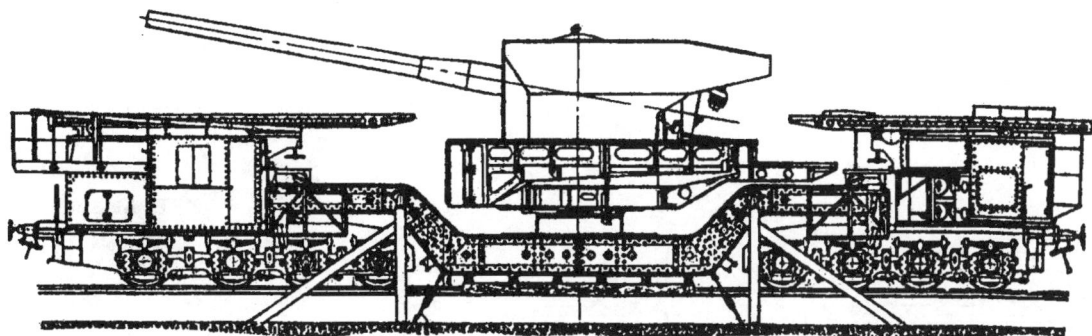

■ 上图是 TM-1-180 型 180 毫米铁道炮侧视线图。

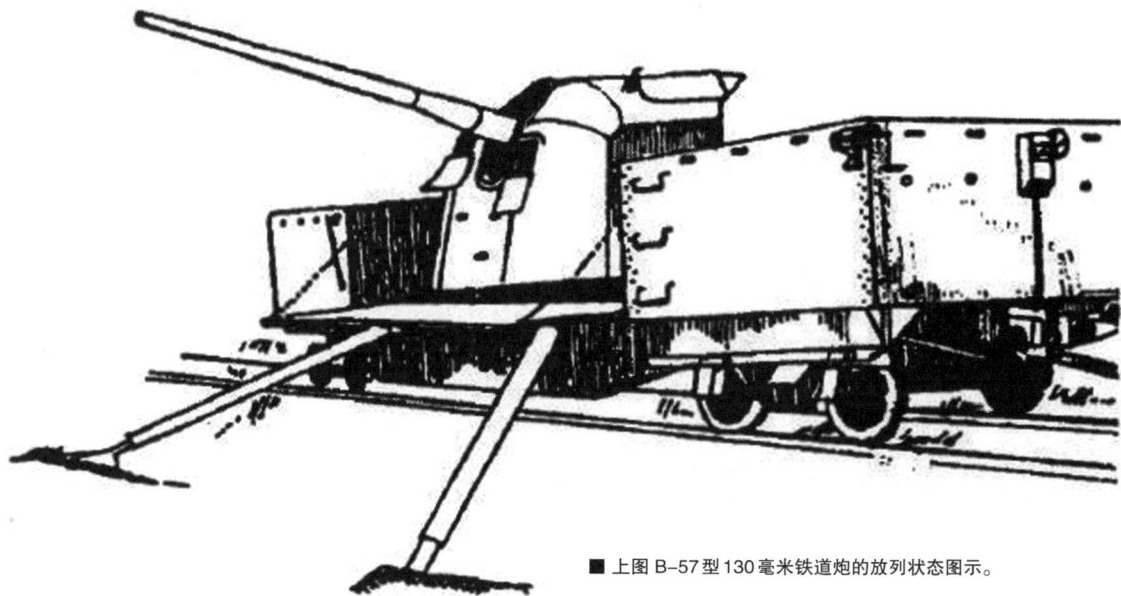

■ 上图 B-57 型 130 毫米铁道炮的放列状态图示。

■ 下图 B-64 型 152 毫米铁道炮的放列状态图示。

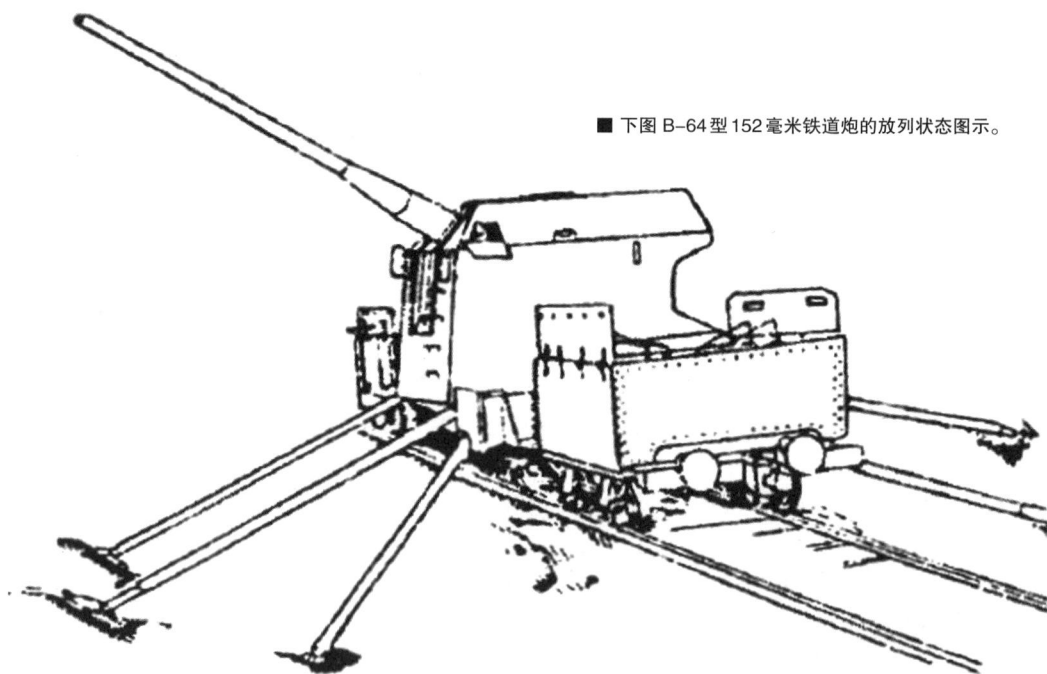

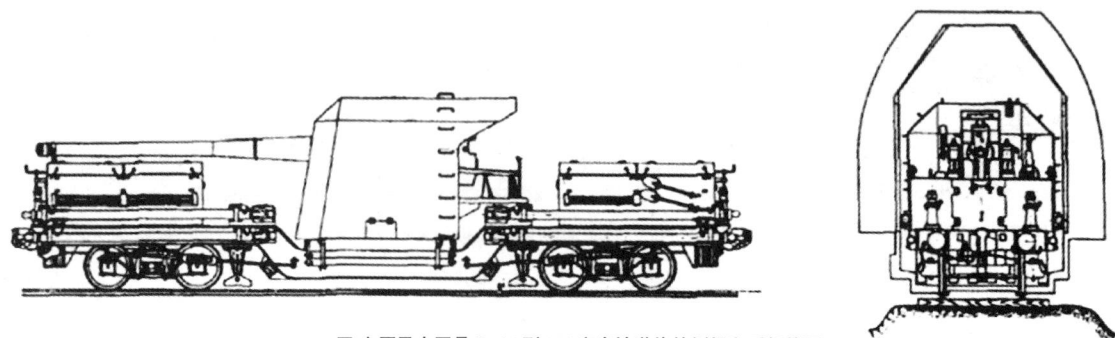

■ 上图及右图是 B-64 型 152 毫米铁道炮的侧视和后视线图。

■ 上图是内战时期苏俄红军的第204号装甲列车配置的大口径火炮，它被安装在一个巨大的旋转炮塔内，是苏联铁道炮的先驱。

■ 为了配合远射程的铁道炮作战，内战时期的苏俄装甲列车上会装备气球进行侦察和校射，左中图为观察气球从装甲列车上升空。

■ 下图是内战时期在乌克兰东南部克拉马托尔斯克的工厂里建造的铁道炮，装备1门203毫米舰炮，安装在1座方形旋转炮塔中。

■ 上图是第二次世界大战期间在列宁格勒前线作战的1门苏军 T–1–14 型 356 毫米铁道炮，它是苏军装备的口径最大的铁道炮。

■ 上图是1座从战舰上拆卸的130毫米舰炮，它既可以安放到陆地上作为固定炮台，也可以被安装到铁路平板车厢上，当作铁道炮使用。这种130毫米舰炮最初是作为20世纪30~40年代苏联海军驱逐舰的主炮设计的，全重12.8吨，最大射程25.6公里，射速为7~8发每分。

■ 下图是1座利用130毫米舰炮改装的B-57型铁道炮正在前线轰击德军目标。

■ 上图及下图是二战期间在列宁格勒某海军工厂内刚刚完成组装的 B-57 型 130 毫米铁道炮，它们通常会被整合到一列装甲列车中，实施机动作战。在 1941 年至 1944 年的列宁格勒战役中，苏军利用库存的海军舰炮改装了大量铁道炮，有力支援了城市的防御作战。

■ 上图是在战斗间隙，1门 B-57 型 130 毫米铁道炮的炮组成员正在听他们的指导员宣读报纸上报道的最新战况。

■ 鲜为人知的中国人民解放军也曾经装备过苏制铁道炮，在 1955 年我军接管旅大防务时从苏军手里接收了 16 门 B-57 型 130 毫米铁道炮，并以此组建了我军唯一一个铁道列车炮兵团，该团参加了金门炮战，凭借机动灵活的战术和射程、威力上的优势，成功压制了金门岛上的国民党军炮兵。下图是人民海军水兵在操作苏制 B-57 型 130 毫米铁道炮。

■ 上图是苏军波罗的海舰队的官兵们正在操作1门TM-2-12型305毫米铁道炮准备对德军目标展开轰击。

■ 下图是正待装填的305毫米铁道炮的弹丸，它们被置于特制的四轮推车上。

■ 上图是苏军 T-2-12 型 305 毫米铁道炮开火瞬间的照片，其产生的巨大炮口焰甚为壮观。

■ 下图是 1 门苏军 B-64 型 152 毫米铁道炮由于铁路桥被德军空袭炸毁而倾覆，请注意车身上的涂装迷彩。

■ 苏芬战争及后来的续战中芬兰军队缴获了不少苏制武器，其中包括数门极其珍贵的铁道炮。上图是芬兰军队缴获的一列挂载铁道炮的装甲列车，其中包括至少3门 TM-1-180型180毫米铁道炮。从残损的炮管看苏军在遗弃这些大家伙们前曾经将其破坏，不过损坏程度并不大，芬兰人用缴获的数门被破坏的180毫米铁道炮拼出了1门完整堪用的铁道炮，并用其回敬它们过去的主人。

■ 下图是1940年夏，芬兰军队将1门缴获的 TM-1-180型180毫米铁道炮运抵汉科半岛准备测试其性能。

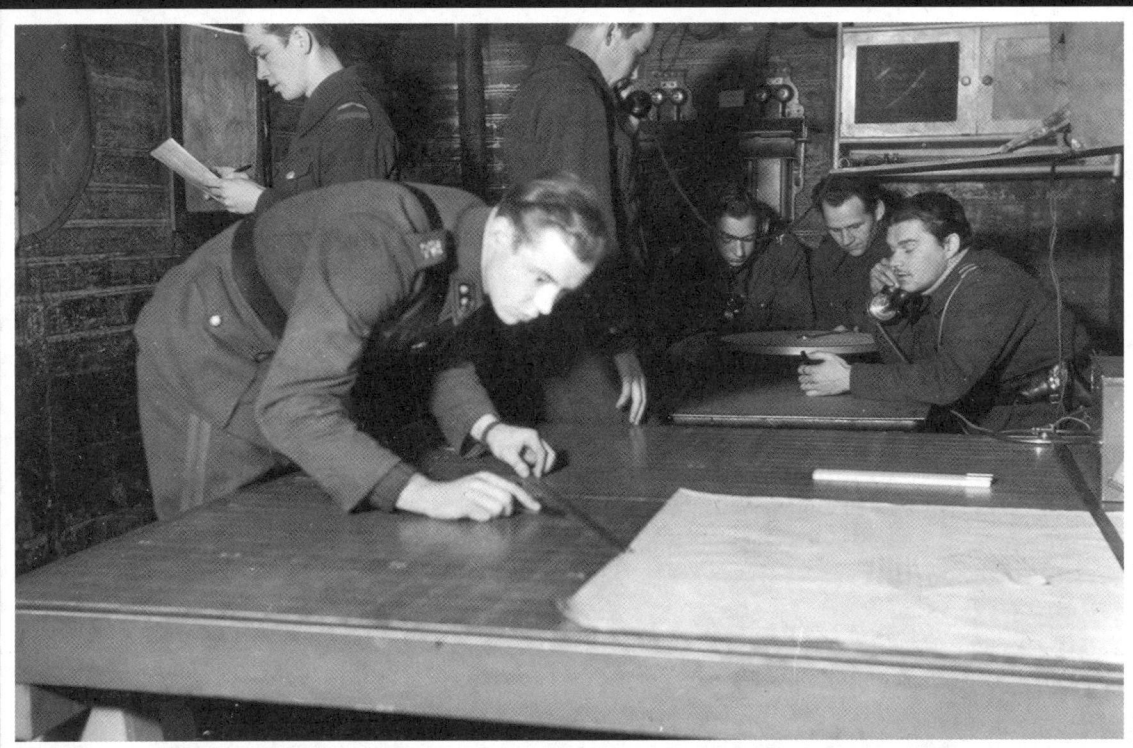

■ 上图是芬兰军队的 TM-1-180 型铁道炮的指挥车厢内景，指挥官们正根据火炮观察员报告的数据标定射击诸元。

■ 下图是在射击阵地上进行严密伪装的芬兰军队的 TM-1-180 型铁道炮，芬兰人对这种威力可观的战利品加以充分利用。

■ 上图及下图是芬兰军队装备的 TM-1-180 型铁道炮的装弹滑道特写，可见炮弹通过火炮后方的一条滚轴滑道输送至装填位置。该型铁道炮配置了半自动弹药装填系统，这套系统极大减轻了炮兵的工作强度，提高了火炮的射速。

■ 上图是芬兰军队装备的 TM-1-180 型铁道炮防盾内部一名负责操作火炮俯仰机构的士兵，注意他头顶的照明灯。

■ 左图是以大仰角姿态做好射击准备的芬兰军队的 TM-1-180型铁道炮，此时已经完成装填和目标设定，正在等待开火命令，注意炮座四周接地的助锄，以加强射击的稳定性。

■ 下图是在冬季的某处阵地上经过精心伪装的芬军 T-1-180型 铁道炮，火炮被白雪覆盖，可以有效规避苏军的侦察和空袭。

■ 上图是1943年时芬兰军队的军官们正在视察1门缴获的苏制 TM-2-12型305毫米铁道炮，此时它被安放在固定炮位上进行射击测试。

■ 下图是在冰天雪地里，芬兰军队的官兵们正在检察1门被苏军遗弃的 TM-2-12型305毫米铁道炮。

■ 上图是一队芬兰士兵正在操作 TM-2-12 型 305 毫米铁道炮的炮弹搬运推车和输弹架。

■ 下图是 1943 年，芬兰军队在汉科半岛测试其缴获后修复的 1 门 TM-2-12 型 305 毫米铁道炮。

■ 内战时期"布尔什维克"工厂生产的第一种152毫米铁道炮的模型，只是简单地去掉了货车厢的前半部，直接将1门152毫米舰炮嫁接到车厢上。

TM-1-180型180毫米铁道炮彩色照片集

■ 上图是 TM-1-180型180毫米铁道炮左前侧特写，注意收放在炮车侧面的助锄，在放列时要展开撑到地面上。

■ 下图是 TM-1-180型180毫米铁道炮左侧近距离特写，这门铁道炮配有大型装甲防盾，能为炮组成员提供保护。

■ 俄罗斯军事博物馆内保存的1门 TM-1-180型180毫米铁道炮的左后侧特写，该炮的保存状态相当完好。TM-1-180型180毫米铁道炮是将海军舰炮直接安装在铁道炮架上，连防盾都没有去除。

■ 上图是 TM-1-180 型 180 毫米铁道炮左后侧特写。

■ 下图是 TM-1-180 型 180 毫米铁道炮右后侧特写，该图中炮车侧面的支撑臂全部放下，处于射击状态。

■ 上图是 TM-1-180 型 180 毫米铁道炮左后侧近距离特写，可以清晰地看到炮手座椅还完整地保留在护栏旁边。

■ 下图是 TM-1-180 型 180 毫米铁道炮左侧中部近距离特写，可以看到防盾下方巨大的炮座。

■ 上图是 TM-1-180 型 180 毫米铁道炮后方输弹机构的近距离特写，无论火炮朝何方射击均能进行装填。

■ 下图是 TM-1-180 型 180 毫米铁道炮炮车侧面的大型助锄细节照片，在射击时必须放下车身两侧的 8 根助锄，以防 180 毫米炮巨大的后座力将火炮掀翻，此外还能提高火炮射击时的稳定性，提高射击精度。

■ 上图是 TM-1-180 型 180 毫米铁道炮防盾内部照片，可以看到炮身右侧负责操控火炮俯仰的炮手坐席位置。

■ 上图是 TM-1-180 型 180 毫米铁道炮防盾内部火炮俯仰机构的机械齿轮特写。

■ 下图是 TM-1-180 型 180 毫米铁道炮防盾内部火炮旋转机构的液压驱动装置，历经了数十年的风雨后上面还遗留着大量的液压油。

本页组图是 TM-1-180 型 180 毫米铁道炮在火炮防盾的外侧安装的输弹架特写，这一装置是火炮输弹装置的一部分，将弹丸沿着炮座上的环形滑轨运送到装弹滑道上。

TM-2-12型305毫米铁道炮彩色照片集

■ 上图是 TM-2-12型305毫米铁道炮左前侧特写，该型铁道炮使用特制的铁道炮车，有16对车轮。

■ 下图是 TM-2-12型305毫米铁道炮左后侧特写，注意照片右下角放下的大型助锄。

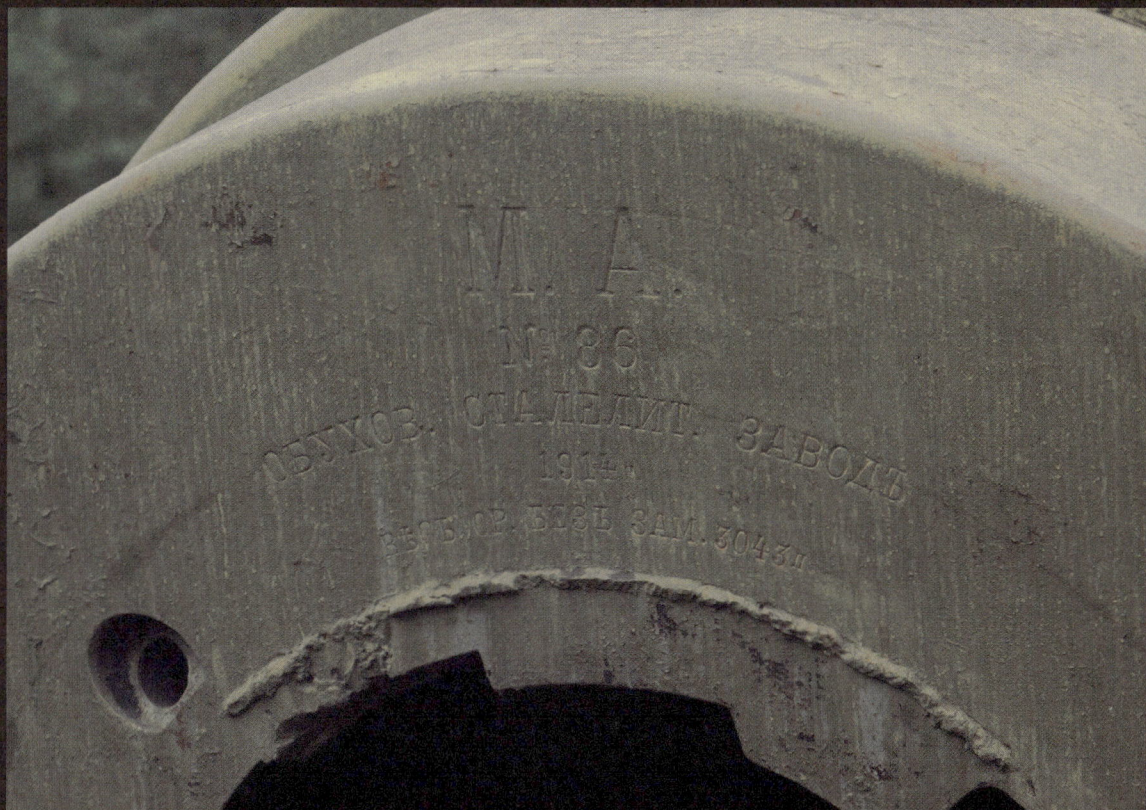

■ 上图是 TM-2-12 型 305 毫米铁道炮炮管尾部的铭文，清楚地显示了炮管生产的时间及制造厂家，可见该型火炮制造于 1914 年。

■ 下图是从 TM-2-12 型 305 毫米铁道炮尾处的地井里拍摄的输弹机及弹丸特写照片。

■ 上图是 TM-2-12型305毫米铁道炮安装的半自动装弹机的输弹机后部特写，沿着长长的输弹滑道拍摄。

■ 下图是 TM-2-12型305毫米铁道炮的输弹机构上电动吊车的吊钩，用于吊运弹丸。

■ 上图是 TM-2-12 型 305 毫米铁道炮输弹机构的电动吊车的特写照片，其后方可以看到存放备用弹药的装甲舱。

■ 上图是 TM-2-12 型 305 毫米铁道炮半自动装弹机的输弹机前部特写，是朝向火炮方向拍摄的。

■ 上图是 TM-2-12 型 305 毫米铁道炮半自动装弹机的输弹机全景照片，注意输弹滑轨上经过无害处理的弹丸，其顶部遭到人为破坏。

苏军装甲列车战场写真集

■ 上图是1936年夏，一群第29号装甲列车的士兵正在吃午餐，他们隶属于外高加索军区第7装甲列车师，此时他们正在参加例行演习。

■ 下图是1939年停靠在布良斯克附近的隶属于第4装甲列车师的一列装甲列车。它生产于1938年，整列装甲列车由一个带防空塔和无线电台的 PR-35型装甲机车和两节 PL-35型装甲车厢组成，装甲车厢侧壁上安装有供马克沁机枪使用的球形活动枪座。

■ 上图是苏德战争初期一列苏军装甲列车的车厢近照，注意其炮塔造形和车体前端带有开合盖板的车灯。

■ 右中图是，战争初期一节苏军装甲列车火炮车厢的照片，其炮塔内安装了107毫米榴弹炮，车体上涂绘有条纹迷彩。

■ 下图是在圣彼得堡海军博物馆内展示的一列装甲列车模型。

■ 上图是爱沙尼亚军队装备的"伦比特"号装甲列车的火炮车厢，它搭载有2门英制维克斯152毫米榴弹炮，这幅照片拍摄于1941年4月位于布良斯克的第60号基地。

■ 下图是1941年4月拍摄于布良斯克第60号基地的第305号装甲列车的火炮车厢，隶属于爱沙尼亚军队，车厢前后两个巨大的炮塔内各安装1门法制施耐德152毫米榴弹炮。

■ 上图是战争爆发后，苏联工厂内的工人们正在加紧赶工，建造装甲列车，图中可以清晰地观察到装甲车厢的框架结构。

■ 上图和下图是战争爆发后苏联工厂内加班加点改装装甲列车的场面，上图是工人们在为机车加装防护装甲，下图是一部已经完工的装甲机车，车体上涂绘了伪装迷彩。

■ 上图是一位红军指挥员正从装甲列车的指挥室中探出头来，用望远镜观察行军方向前方的情况，这很可能是一幅宣传照片。

■ 下图是战争初期苏军使用的一列装甲列车，其炮塔内安装了76.2毫米火炮，从其车厢外形判断，这是一列一战时期俘获的奥匈军队装甲列车，在苏德战争初期，为了弥补前线的巨大损失，苏军将很多一战时期和内战时期的老式装甲列车也推上战场。

■ 上图是"伊里亚·穆罗梅茨"号装甲列车配备的装甲机车，在驾驶室侧面绘有伊里亚·穆罗梅茨的肖像，他是俄罗斯古代的传奇英雄。

■ 下图是"伊里亚·穆罗梅茨"号装甲列车在工人的欢呼声中驶向战场，注意在搭载有T-34/76型坦克炮塔的车厢后方拖挂着防空车厢。

■ 右图是一列正沿着
铁路行进的苏军装甲列
车，是从列车顶部拍摄
的，车体上的铆钉清晰
可见，近景处是圆柱形
的炮塔或指挥塔。

■ 下图是一列在雪原
上行进的苏军装甲列
车，其车厢上的炮塔都
指向同一侧。除了T-34
型坦克的炮塔外，其他
如T-26、T-28型坦克
的炮塔也被应用在装甲
列车上。

■ 上图是一列经历战火洗礼的装甲列车的近照，炮塔上的弹孔清晰可见，可谓伤痕累累。炮塔顶部的马克沁机枪用于防卫低空空袭。

■ 本页的三幅照片都是苏德战争初期苏军装甲列车的留影，这些装甲车厢的外观、构造都各不相同，应该属于战前制造的各种型号的装甲列车，其中甚至可能有内战时期服役的老古董。为了应对战场需要，苏军对老式装甲列车进行现代化改装后重新服役。

■ 上图是战争初期一列苏军装甲列车的火炮车厢近照，这节车厢采用焊接车体，注意侧面突出的马克沁机枪。

■ 下图是一列周身涂绘白色冬季迷彩的苏军装甲列车，注意近景处火炮车厢中部指挥塔顶部架设的通讯天线。

■ 上图是1941年11月在西部前线作战的第22独立装甲列车营的2号装甲列车，车体上的涂装显得相当肮脏。

■ 下图是一列进行局部维护的装甲列车，属于列宁格勒前线的苏军部队，其特别之处是安装了2座KV-1重型坦克的炮塔。

■ 在苏德战争初期，由于苏军部队的迅速溃败，很多装甲列车成为德军的战利品，其中状态完好的列车很快被德军重新启用，上图就是一部被德军缴获的装甲机车，两名德国驾驶员从驾驶室窗口和舱门处向外张望。

■ 左图是德军士兵爬上一列缴获的苏军装甲列车顶部，以检查其状况是否适合继续使用。

■ 受到苏军机动装甲炮车的影响，德军也改装了自己的铁道装甲炮车，并用缴获的苏制武器加以武装，比如右图这辆德军装甲炮车就安装了苏制T-26轻型坦克的炮塔，装备1门45毫米坦克炮。

■ 下中图是一列被德军俘获后继续使用的苏军装甲列车，注意其火炮车厢上安装1座T-34/76型坦克的炮塔，车体涂绘了条纹迷彩和铁十字标志。

■ 最下图是1941年秋季被德军俘获的苏军28号装甲列车，在其圆柱形炮塔内安装1门107毫米野战炮。

■ 上图是1941年秋季被俘的苏军第28号装甲列车的另一幅照片,摄于奥廖尔地区,当时由德军中央集团军群的部队使用。

■ 下图是一群德军步兵准备搭乘缴获的苏军装甲列车开赴前线,德军时常使用装甲列车执行部队运输任务。

■ 上图是1941年9月苏军1号装甲列车的装甲机车侧面被刷上了醒目的巨幅标语"为了斯大林"，注意车体后部的防空机枪塔。

■ 下图是1941年9月拍摄的苏军1号装甲列车"为了斯大林"号的装甲车厢，其上安装了T-34/76 1941年型坦克炮塔。

■ 1941年8月在爱沙尼亚塔林被德军俘获的一列苏军装甲列车，请注意其采用的窄轨铁路而不是苏联的宽轨铁路。

■ 上图是1941年10月11日的战斗结束后，德国人缴获了被苏军遗弃的 "为了斯大林" 号装甲列车，请注意装甲机车后方的防空车厢上部建筑已经被完全摧毁了。

■ 下图是1941年10月德国人拍摄的 "为了斯大林" 号装甲列车的残骸，在车厢侧面的装甲板上可以清晰地看到几处德军炮弹击中的痕迹，侧面的马克沁机枪无力地垂下枪口，仿佛在倾诉无尽的遗憾。

■ 上图是1941年10月德国人正在检视缴获的"为了斯大林"号装甲列车。机车上的累累弹痕见证了这部装甲列车不屈顽强地战斗到最后一刻。

■ 1941年10月德国人将缴获的"为了斯大林"号装甲列车拖到最近的
火车站以便加以修复，这幅照片是该车防空车厢的特写照片，近景处
可以观察到火炮车厢的 T–34/76 型坦克炮塔的细节特征。

■ 上图是1941年10月23日在伏罗希洛夫格勒的"十月革命"工厂，在送行人群的欢呼声中开赴前线的苏军"为了祖国"号装甲列车，请注意其车身上涂绘的三色迷彩。

■ 下图是1942年1月在南部前线，漫天飞雪中正在向敌人开火的"为了祖国"号装甲列车，此时该车已经涂成全白的冬季雪地伪装色。

■ 为了加强火力，伏罗希洛夫格勒"十月革命"工厂给"为了祖国"号装甲列车增加了搭载 M1910/30 型 107 毫米榴弹炮的车厢，上图是车载 107 毫米榴弹炮的近照。

■ 上图及下图是 1942 年 7 月 15 日被德军完整俘获的苏军 "为了祖国" 号装甲列车，车身上还插有苏军用于伪装的树木枝条，车体上也涂绘着迷彩图案，从下图中可以观察到该车装甲车厢的细节，车体为铆接结构，而炮塔是焊接结构。

■ 上图是一列在基辅的工厂内用运煤车厢改装的装甲列车车厢，在敞开的车厢顶部安装了1门76.2毫米炮，另外配置了5挺机枪，在车轮侧面也加装了防护钢板。

■ 下图是在1941年一列被德军缴获的苏军装甲列车近照，注意车厢顶部安装了2座"维克斯"轻型坦克的炮塔，应该是缴获自波兰军队。

■ 上图及下图是德军在基辅火车站缴获的一列苏军装甲列车，该车的车厢上安装了 T-26 轻型坦克的炮塔。

■ 上图及下图是1941年8月，在敖德萨"一月革命"工厂内正在生产的装甲机车，可以观察到工人们正按照预先架设的装甲框架为机车安装装甲板，包括车轮在内的几乎整个机车都被置于装甲的保护下。

■ 上图及下图是在1941年8月，敖德萨"一月革命"工厂的工人正在加班加点地生产装列车以支援前线作战，虽然此时还没安装武器，但车厢侧面的射击孔依然让人印象深刻。

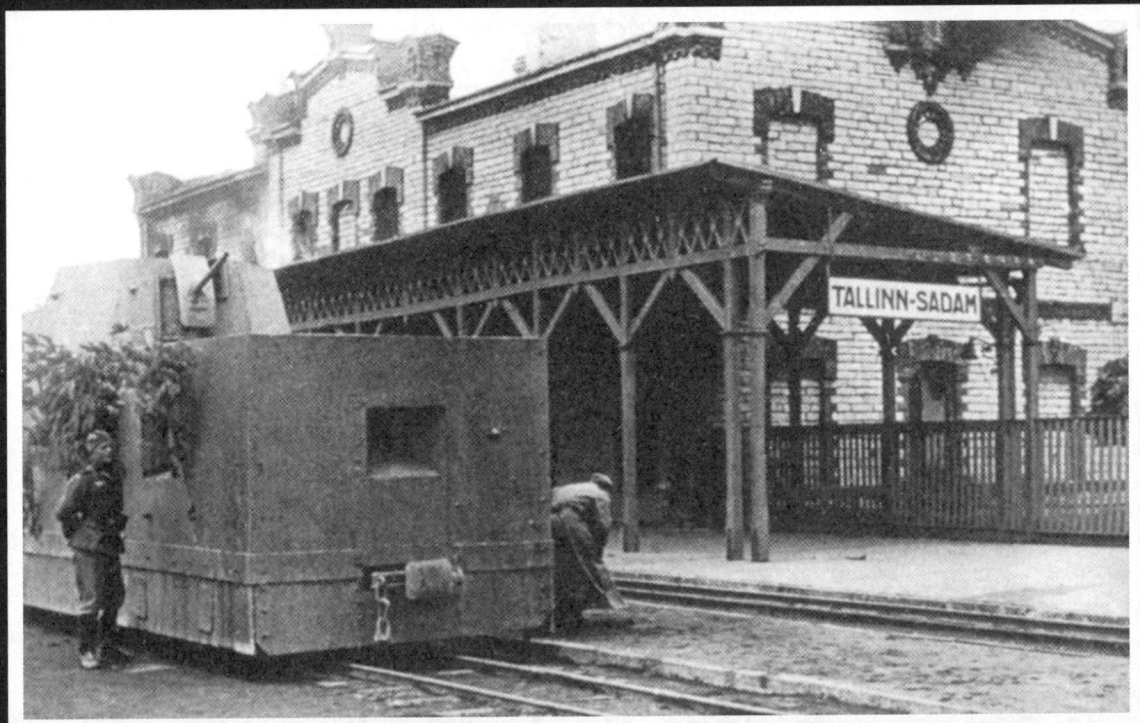

■ 上图是1941年8月苏军从塔林撤退时遗弃的1辆窄轨机动装甲炮车，其巨大的旋转炮塔上居然安装了1门娇小的 B–3 型 37 毫米炮。

■ 下图是1941年8月在塔林附近，一列使用窄轨铁路的苏军装甲列车由于轨道被德军破坏而倾覆，这列装甲列车上搭载了当时苏联海军舰艇大量装备的34K 型 76.2 毫米舰炮。

■ 上图是一列在塞瓦斯托波尔生产的装甲列车在克里米亚半岛的作战中被德军飞机摧毁后被缴获，请注意这列装甲列车搭载的34K型76.2毫米舰炮全部处于对空状态，可以肯定这些舰炮来自黑海舰队。

■ 下图是在克里米亚半岛被德军缴获的苏军装甲列车的另一张照片，照片显示该车上还搭载有普梯洛夫厂生产的76.2毫米高射炮，这种火炮当时也普遍装备苏联海军的小型舰艇，请注意火炮下部围堰的装甲厚度。

■ 上图是 1941 年秋在辛菲罗波尔被德军俘获的苏军装甲列车，从照片中观察该车装备了长身管的 76.2 毫米火炮，很可能也是海军舰炮。

■ 下图是一列在克里米亚半岛被德军缴获的苏军装甲列车的近照，从照片中可知，该车搭载的武器十分繁杂，除了 34K 型 76.2 毫米舰炮外（图中炮管高耸的便为该型火炮），还在列车尾部搭载了 F-22 型 76.2 毫米野战炮，更为奇特的是 76.2 毫米野战炮后方的射击孔内居然装备了 1 门舰用霍奇基斯机关炮。

■ 上图是在克里米亚半岛的一个车站内，一列被德军缴获的苏军装甲列车，该车由一节搭载34K型76.2毫米舰炮的装甲车厢和数节由运煤车改装的装甲车厢组成。

■ 下图是1941年11月在占科伊，一列被德军缴获的苏军装甲列车经过修复后重新加入德军部队服役，此时这部列车的新车组成员们在机车前列队，接受长官的检阅的训示。

■ 上图是1942年5月，苏军"热列兹尼亚科夫"号装甲列车在一位铁路工人的目送下奔赴战场。

■ 下图是1942年5月，苏军"热列兹尼亚科夫"号装甲列车装备的12.7毫米德什卡机枪正在对空警戒，在背景中可以观察到1门76.2毫米舰炮的炮尾，而负责操纵这些武器的全都是海军官兵。

■ 上图是1942年5月末拍摄的苏军"热列兹尼亚科夫"号装甲列车，镶嵌在装甲车身侧面的铭牌十分醒目。

■ 下图是1942年5月，苏军"热列兹尼亚科夫"号装甲列车的炮组正使用车载的34K型76.2毫米舰炮轰击德军目标，在火炮后方还有1挺12.7毫米德什卡重机枪进行对空警戒，注意车厢侧面翻下的活动装甲护板。

■ 上图是在1941年的作战中被德军缴获的"维艾克维茨"号装甲列车的机车，车旁有两名德军士兵在观察驾驶室的舱口。

■ 下图是1942年春，在沃伊科夫抢修的第74号装甲列车，它的装甲车厢采用了独特的三炮塔结构，前后2座大型炮塔各安装1门M1902/30型76.2毫米炮，中间的小炮塔采用T-26轻型坦克的炮塔，请注意车厢侧壁上的两个弹孔。

■ 上图是1942年春在沃伊科夫抢修的第74号装甲列车的另一幅照片，由于工厂遭到德军轰炸而损毁严重。

■ 下图是1942年春苏军"波罗的海水兵"号装甲列车的留影，近景处的这节装甲车厢装载了2座KV-1重型坦克的炮塔和数量众多的马克沁机枪，这节车厢后方装甲机车上的防空塔清晰可见，请注意该车涂装的迷彩样式很特别。

■ 上图是 1942 年配属于波罗的海舰队的第 8 "为了祖国"号装甲列车,从照片中可以观察到该车的装甲车厢都是用普通货运车厢临时改装的,车上搭载了 76 毫米或 45 毫米速射炮以及数量可观的马克沁机枪。

■ 下图是 1942 年冬正在进行防化训练的第 7 "波罗的海舰队水兵"号装甲列车,请注意照片中该装甲列车的装甲机车,除了两个装备 12.7 毫米高射机枪的防空塔外,还搭载了成堆的木柴,显示该车使用的是老式的拉脱维亚 No.431 型蒸汽机车。

■ 上图是 1942 年春，苏军"人民复仇者"号装甲列车的 3964 型装甲机车，该车隶属于第 71 独立装甲列车营。

■ 上图是 1942 年春"人民复仇者"号装甲列车的一节搭载 T-26 型坦克炮塔的车厢，车厢前部的活动装甲护板内是 1 门 76.2 毫米高射炮。

■ 下图是 1943 年冬"人民复仇者"号装甲列车的一幅战地留影，可以看到装甲车厢上安装了 1 座 KV-1 重型坦克的炮塔，在炮塔前后各安装了 1 门 76.2 毫米高射炮。

■ 上图是1942年春拍摄的第28"向斯大林致敬"号装甲列车，这节装甲车厢上搭载有1门B–24型100毫米舰炮和1门120毫米迫击炮，100毫米炮后部还安装了1挺马克沁机枪。

■ 下图是1942年春第28"向斯大林致敬"号装甲列车的No.419型机车，请注意机车尾部的马克沁机枪和车身涂装的迷彩。

■ 上图是1943年隶属于苏军第14独立装甲列车营的"坚强"号装甲列车，最右边的这节车厢安装了2座KV-1重型坦克的炮塔，在它们中间凸起的是装备有12.7毫米德什卡重机枪的防空塔，在这节车厢后方是搭载有120毫米重型迫击炮的装甲车厢。

■ 上图是1941年9月，由于铁轨被德军破坏而颠覆的苏军"布琼尼元帅"号装甲列车，2座巨大的炮塔沮丧地向侧面倾斜。

■ 上图是1941年9月被德军击毁的苏军"布琼尼元帅"号装甲列车的另一幅照片，照片最右边的防空车厢被炸成了零件状态，可见当时该车经历了非常惨烈的战斗，两名德军士兵在现场与这个死去的装甲巨兽合影留念。

■ 下图是1941年秋被德军击毁的一列苏军装甲列车，编号不详，注意其车厢上搭载的T-26轻型坦克炮塔和侧面射击孔内的马克沁机枪。

■ 上图是 1941 年 11 月，在苏联南部前线作战的苏军第 11 号装甲列车，该车的装甲车厢由运煤货车改装而成，车厢上除了配备马克沁机枪外，还装备了 7.62 毫米 DT 型机枪，照片中的军官正是该车的指挥官坦克兵少校布尔帕。

■ 下图是一列被德军俘获的苏军装甲列车，编号不明，其车厢全部由敞篷货车车厢改造而成，并涂绘了伪装迷彩。

■ 上图是1942年在苏联南部前线，德军的一列苏军装甲列车车厢被击毁，可见车厢上安装了2座T-26轻型坦克的炮塔。

■ 下图是1941年11月在卢布林工厂建造的苏军第1"消灭法西斯匪徒"号装甲列车，机车后部安装了装备马克沁机枪的防空塔，机车后方的装甲车厢上移植了T-28中型坦克的全套武器系统（炮塔和机枪塔），近景处的装甲车厢内安装了45毫米和76毫米高平两用炮。

■ 上图是 1941 年 11 月正在莫洛托夫工厂内生产的第 1 "莫洛托夫工人" 号装甲列车,该车属于 BP–35 型装甲列车,这节车厢上搭载了两个装备 CT–28 型 76.2 毫米炮的炮塔,另外还装备有 4 挺 DT 机枪和 2 挺波兰产的勃朗宁机枪,车身装甲厚度为 18 毫米。

■ 下图是 1942 年 2 月正在波尔塔瓦加里宁机车车辆厂生产的第 2 "里索夫政委" 号装甲列车的 No.4994 型装甲机车,该车将配备给第 45 独立装甲列车营,请注意该装甲机车后部安装有 1 座 T–26 轻型坦克的炮塔。

■ 上图是隶属于第50独立装甲列车营的1号装甲列车，该车属于 NKPS–42 型装甲列车，1942年在雅罗斯拉夫的工厂生产。图中的车厢配备2门 M1927型76.2毫米炮、6挺勃朗宁机枪，装甲厚度10～15毫米，另外车厢内还铺设有120毫米厚的防火石棉瓦。

■ 下图是隶属于第43独立装甲列车营的2号装甲列车，该车属于 NKPS–42 型装甲列车，图中的车厢装备2门法制 M1897型75毫米野战炮5挺 DT 机枪，装甲厚度50毫米，该车于1941年11月在沃罗涅日的柳布利诺工厂完成车体建造及武器的安装。

■ 上图是隶属于第52独立装甲列车营的第2"米丘林"号装甲列车,属于 NKPS –42型装甲列车。该车于1942年1月在米丘林斯基工厂生产,图中的这节车厢搭载2门 F–34型76.2毫米炮、4挺 DT 机枪,装甲厚度20毫米。

■ 下图是隶属于第24独立装甲列车营的2号装甲列车,属于 OB–3型装甲列车,于1941年12月完成建造。图中的这节车厢装备2门 M1927型76.2毫米炮和5挺7.62毫米 DT 机枪。

■ 右上图是隶属于第47独立装甲列车营的1号装甲列车，属于OB-3型装甲列车。该车于1942年4月在鄂木斯克机车厂建成，图中的这节车厢配备1门CT-28型76.2毫米炮和5挺DT机枪，装甲厚度15～40毫米。

■ 右中图是第47独立装甲列车营1号装甲列车的另一节装甲车厢，配备1门法制M1897型75毫米野战炮和5挺DT机枪，车身采用20+10毫米厚的间隙装甲，总厚度为80毫米。

■ 右下图是隶属于第44独立装甲列车营的2号装甲列车，该车由莫洛托夫机车厂于1942年4月建成，图中这节车厢装备1门76毫米高射炮、5挺DT机枪，车身采用厚度为15毫米装甲板叠加的双层间隙装甲，总厚度达70毫米，炮塔装甲厚40毫米。

■ 上图是1942 年 3 月在克拉斯诺雅斯克火车站改装的装甲机车，后来配属于第29装甲列车营，这部机车全身都被30 ~ 40毫米厚的装甲板所包裹。

■ 下图是第29装甲列车营的1号装甲列车，该车属于OB-3型，于1942年2月在克拉斯诺亚尔斯克生产，图中这节车厢配备1门CT-28型76.2毫米炮、5挺 DT 机枪，侧面和炮塔装甲厚30毫米，顶部装甲厚20毫米，底部甲板厚15毫米。

■ 上图是隶属于第16独立装甲列车营的"斯维尔德洛夫斯克工人"号装甲列车的装甲机车，该车于1942年2月在斯维尔德洛夫斯克工厂生产，装甲厚度为30～45毫米。

■ 下图是第51独立装甲列车营装备的2号装甲列车配备的No.5900型装甲机车，该车是1941年10月由马凯耶夫卡工厂建造的，装甲厚度12～20毫米，请注意指挥塔后方的12.7毫米德什卡重机枪。

■ 上图是一列所属部队、编号不明的苏军装甲列车的火炮车厢，2座大型旋转炮塔内安装了150毫米榴弹炮，在车厢中央顶部则有一个小型机枪塔，装备1挺机枪，在车厢侧面另有1挺机枪。

■ 下图是第23独立装甲列车营1号装甲列车的装甲车厢，它是1941年12月在利霍波瑞工厂生产的，这节车厢装备了2座T-26轻型坦克炮塔和4挺DT机枪。

■ 上图是正在伊里奇机车厂生产的1号"死神来了！德国侵略者！"号装甲列车，这部列车将装备给第48装甲列车营，图中工人们正在对车厢顶部的T–34/76型坦克炮塔进行焊接作业。

■ 下图是1942年6月，正在基洛夫工厂内赶工的"拉杰卡夫卡耶斯"号装甲列车，请注意其车厢上装载的炮塔安装了2门不同型号的火炮，前部炮塔配备1门M1902/30型76毫米野战炮，后部炮塔配备1门M1939型F–22 76.2毫米炮，物尽其用，这就是战争时期的特色。

■ 上图及下图是 1942 年 2 月 23 日，马里乌波尔机车厂向红军部队移交一列刚刚完工的的装甲列车的交接仪式，工厂的工人们和军方代表聚集在列车前方，听取工厂领导发表讲话，在装甲机车上悬挂着列宁和斯大林的画像。

■ 上图是1941年12月第23独立装甲列车营的 2 号装甲列车，它由莫斯科车辆厂生产，其车身采用 ST–5 型装甲板，厚度为 36 毫米，车厢上装备 1 座 T–26 轻型坦克的炮塔和 4 挺 DT 机枪。

■ 左中图及下图是 1942 年 3 月第 54 独立装甲列车营的 1 号装甲列车。

■ 左上图是1942年2月第45独立装甲列车营的2号"里索夫政委"号装甲列车，该节车厢装备2门CT-28型76.2毫米炮、4挺DT机枪，中央凸起的防空塔装备2挺PV-1型7.62毫米三联装高射机枪。

■ 下中图是第45独立装甲列车营的1号装甲列车，它是1942年1月在沃洛格达车辆厂生产的，车身采用没有经过表面硬化的装甲板，车厢炮塔内装备F-34型76.2毫米坦克炮，另外该车厢还配有4挺勃朗宁机枪及2挺DT机枪。

■ 最下图是第41独立装甲列车营2号装甲列车，它是1942年2月由托木斯克达雅铁路工厂生产的，车身采用没有经过表面硬化的装甲板，顶部炮塔采用CT-28型76.2毫米炮，此外还配备6挺DT机枪。

■ 1942年春，在列宁格勒维捷布斯克火车站的圆顶下，隶属于第72独立装甲列车营的1号装甲列车"波罗的海水兵"号正停靠在站内，手持莫辛－纳甘步枪的水兵正警惕地注视着四周。

■ 红军装甲坦克兵总局的坦克兵少将切尔诺夫，他为装甲列车的发展作出了极大贡献。

■ 上图是一列苏军装甲列车的维修车厢内景照片，车厢内配置了各种维修工具及机床，一应俱全，中间还有一部取暖用的火炉。

■ 下图是一列苏军装甲列车的炊事车厢的厨房内部照片，可以看到两只大号汽锅和烤箱，足以保证全车人员的热食供应。

■ 左上图是第1独立装甲列车教导团正在训练，图中是一列PR-43型装甲列车，照片拍摄于1943年夏，注意该车的迷彩涂装。

■ 左中图是第1独立装甲列车教导团的学员们正在学习操控PR-43型装甲列车的机车，照片摄于1943年夏。

■ 左下图是第1独立装甲列车教导团用于训练的木质装甲列车，它真实还原了操控装甲列车武器的各个环节，专门用于培训装甲列车上的火炮和机枪射手，车厢上的马克沁机枪模型清晰可见，摄于1943年夏季。

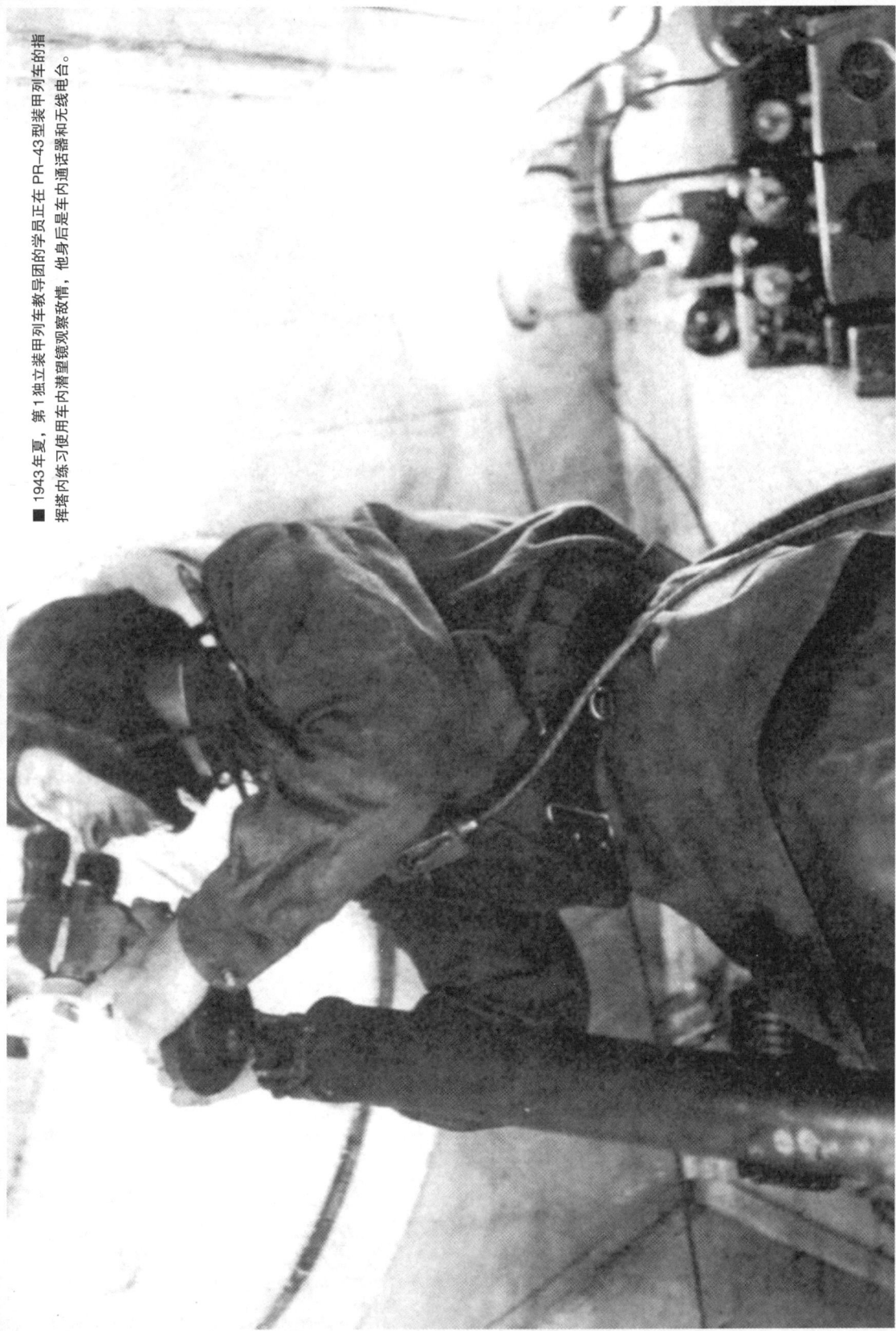

■ 1943 年夏，第 1 独立装甲列车教导团的学员正在 PR-43 型装甲列车的指挥塔内练习使用车内潜望镜观察敌情，他身后是车内通话器和无线电台。

■ 上图是第49独立装甲列车营2号"卢尼涅茨"号装甲列车的一节装甲车厢，这部列车属 OB-3 型装甲列车，照片拍摄于 1942 年春，图中的车厢炮塔上装备 1 门 CT-28 型 76.2 毫米炮，车厢侧面配备 DT 型机枪。

■ 下图是第53独立装甲列车营2号"楚瓦什共和国共青团员"号装甲列车的一节装甲车厢,这部列车也属于 OB-3 型,照片拍摄于 1942 年春,请注意车厢上的双色迷彩涂装和巨大的名称字母。

■ 上图及下图是1941年被德军俘获的苏军 No.60 型重型装甲列车，它随后被德军重新使用，编为第47号装甲列车，配属于第12装甲师，请注意车厢上的涂鸦迷彩，估计是车组成员的即兴之作。

■ 上图是1941年7月被德军飞机炸毁的苏军 PL-37 型装甲列车的车厢，可见侧面的装甲板被炸掉了一大块，暴露出炮塔的内部结构。

■ 下图是1941年7月被德军击毁的苏军 PR-35 型装甲列车，注意车体前部涂有一些奇怪的树枝状图案。

■ 上图是 1941 年 7 月在与德国坦克交战中被击毁的苏军 PL–35 型装甲列车，PL–35 型量产于 1936 年 ~1938 年间。

■ 下图是 1941 年 7 月被德军击毁的苏军 PR–35 型装甲列车，图中可以观察到该列车的装甲机车和一节装甲车厢，2 座大型炮塔都指向列车左侧，机车后部防空塔上的马克沁机枪也清晰可见。

■ 上图是1941年7月被德军击毁的一列苏军装甲列车，从机车外观和车厢特征观察可能是 PR-35 型装甲列车。

■ 下图是1941年8月被德军飞机炸毁的苏军第44号装甲列车，德军炸弹就在车厢近旁爆炸，给车厢造成了严重破坏。

■ 右上图是1941年8月毁于德军空袭的苏军第40号装甲列车的装甲车厢，属于PL-37型装甲列车，注意车厢顶部铺有一些用于伪装的植物枝条。

■ 右中图及下图是1941年7月被德军坦克击毁的PL-35型和PR-35型装甲列车，从照片中可以清楚地看到指挥塔和防空塔上的马克沁机枪，机车前部的扶手状天线是1935年生产的71-TC型电台天线。

■ 右图是在战斗中被德军击毁的苏军 No.60 型重型装甲列车，照片拍摄于 1941 年 7 月，是从列车指挥塔上拍摄的，近处的扶手状装置是电台天线。No.60 型重型装甲列车生产于 1931 年至 1932 年。

■ 下图是 1941 年夏，一列正处于战斗状态的苏军装甲列车，从炮塔的外观判断可能是 PL-37 型装甲列车。

Ein Hilfsgeschützwagen mit zwei 5-cm-Kanonen und einem MG und offenen Panzertürmen, die behelfsmäßig auf Güterwagen montiert sind

Ein Panzerwagen, der durch explodierende Munition vernichtet wurde. Unsere Aufnahme zeigt einen Panzerturm, der völlig aus seinem Pivot gerissen wurde

Die Panzerzuglokomotive des schweren Panzerzuges von oben gesehen. Links die Trümmer von zwei durch den Zusammenprall der beiden Züge geborstenen Lorenwagen

Blick in das Innere des Kommandoturmes eines Befehlswagens mit Sprachrohr und Telephon zu den Geschützständen. Links ein Munitionslager

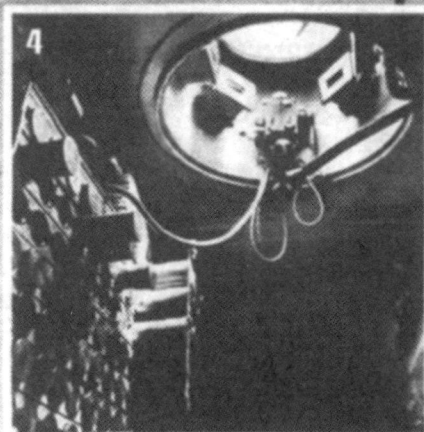

Am 25. August griffen zwei deutsche Panzerkompanien das Städtchen Mosdok am Terek im mittleren Kaukasus an. Als die ersten Panzer die Bahnlinie am Stadtrand erreichten, setzten die Bolschewisten den schweren Panzerzug 20 ihrer Panzerzuggruppe „Kaukasus" zum Gegenstoß ein. Unvermutet erschien dieser Panzerzug zwischen den ersten Häusern und feuerte sofort aus allen Rohren, während die deutschen Panzer ohne jede Deckung in der freien Steppe standen. Sie nahmen ebenfalls sofort das Feuer auf den langsam fahrenden Zug auf. Schon nach zwei Minuten war die Güterzuglokomotive, die am Anfang des Zuges zur Tarnung fuhr, abgeschossen. Der ausströmende Dampf nebelte den Zug völlig ein, so daß die rund 100 Mann starke Besatzung im Zug die Sicht verlor. In dem folgenden Artillerieduell wurden die Panzer

DAS ENDE DER PANZERZUGGRUPPE "KAUKASUS"

EIN BILD- UND TEXTBERICHT VON KRIEGSBERICHTER GERT HABEDANCK

Befehlsstand in dem schweren Zug der Panzergruppe. Von hier führen Fernsprechleitungen zu jedem einzelnen Kampfstand und zur Lokomotive des Panzerzuges

Tender mit einem Fla-Zwillings-MG. Im Verlauf des Artillerieduells lief das Öl des Tenders aus und verbrannte

Die gepanzerte Lokomotive des schweren Panzerzuges der Panzergruppe "Kaukasus". Das Triebwerk der Räder ist durch schwere Panzertüren gesichert

Ein Panzerwagen mit einem 10,7 cm-Geschütz und vier MG, der durch Explosion gesprengt wurde. Vor ihm zwei Gerätewagen mit Schienen, Schwellen und Ausbesserungsmaterial

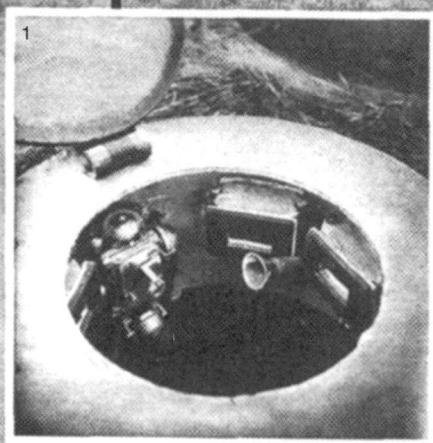

1

4

2

3

wagen des Zuges systematisch unter Feuer genommen. Der gepanzerte Öltender begann zu brennen, und der Zug kam zum Stehen. In diesem Moment kam der leichte Panzerzug 19 vom Bahnhof des Städtchens Mosdok her angefahren. Seine gepanzerte Lokomotive wurde sofort abgeschossen, und der Zug lief auf den schon bestehenden Schwesterzug auf, so daß die leichteren Wagen zwischen den Zügen zusammengeschoben und die Geleise zerstört wurden. Außerdem begann die Munition im Geschützwagen zu brennen und riß den ganzen Zug auseinander. Nun bootste die Besatzung beider Züge aus, soweit sie nicht schon durch das brennende Öl und die explodierende Munition getötet war. Nach dem Duell konnte noch am gleichen Tage die Stadt Mosdok genommen werden.

■ 本页是德国《信号》杂志刊载的一组关于 1942 年 8 月 23 日被德军击毁的苏军 20 号装甲列车的照片：1. 车长指挥塔顶部特写；2. 被击碎的马克沁机枪防空塔；3. 被弹丸击穿的机枪；4. 配备的 107 毫米野战炮和 4 挺机枪的装甲车厢被炸得面目全非，其后方的平板车厢上放置着用于抢修轨道的钢轨及枕木。

■ 上图是 1942 年冬，在莫斯科附近的热烈兹诺多罗日内火车站的维修厂内，铁路工人们正在加班抢修一列在战斗中损坏的装甲列车。

■ 下图是 1944 年夏，一列正在战斗的 OB–3 型装甲列车，请注意其车厢炮塔上的火炮已经全部换成了 F–34 型 76.2 毫米坦克炮。

■ 上图是1941年11月21日在罗斯托夫附近被德军击毁的第7独立装甲列车营的第29号装甲列车，请注意被炸开的车厢，其内部涂装和坦克一样，全部漆成了乳白色。

■ 下图是1931年~1932年间生产的一列No.60型重型装甲列车，这是该车在1941年7月被德军击毁后拍摄的照片，当时该车配属给第52独立装甲列车营，车厢上巨大的炮塔和不规则的斑点迷彩让人印象深刻，为了增强伪装效果，车身四周还插满了树枝。

■ 上图是 1942 年 8 月 23 日在莫兹多克地区被德军击毁的苏军第 20 号装甲列车，战前它是隶属于第 7 装甲列车营的第 56 号装甲列车。

■ 下图是 1942 年 5 月在塞瓦斯托波尔前线，"热列兹尼亚科夫"号装甲列车上的 76 毫米舰炮和 12.7 毫米高射机枪正警惕地指向天空，随时准备抗击德军飞机的袭扰。

■ 上图是1941年12月，正在向敌人轰击的第6独立装甲列车营1号"法西斯歼灭者"号装甲列车，请注意照片中左侧平台上的3-K型76毫米高射炮和其后方装甲车厢上搭载的T-28中型坦克炮塔。

■ 下图是1941年12月在同一地点拍摄的第6独立装甲列车营1号"法西斯歼灭者"号装甲列车照片，可以看到装甲机车前部的两节车厢的武器配置，其中一节车厢搭载了2座T-26轻型坦克的炮塔，而另一节则设有搭载25毫米高射炮的防空平台。

■ 下图是1942年7月30日，在南线战场被德军击毁在库伦诺伊附近的第24独立装甲列车营的1号装甲列车，该车属于NKPS-42型装甲列车，装甲车厢上搭载有2门M1914/15型76毫米高射炮和2门M1927型76.2毫米野战炮。

■ 上图是 1942 年 6 月 29 日被第 38 独立装甲列车营遗弃在库尔斯克州马尔梅日车站的 2 号"南乌拉尔铁路工人"号装甲列车,从装甲车厢的外观特征判断,这部列车应该属于 OB-3 型。

■ 下图是 1942 年 6 月 29 日在同一地点拍摄的 2 号"南乌拉尔铁路工人"号装甲列车,德军士兵正好奇地检视该车的装甲机车。

■ 上图是1942年8月1日在南方前线萨尔附近，苏军第24独立装甲列车营2号装甲列车由于轨道桥梁被德军炸毁而倾覆。该车属OB-3型，装备1门M1914/15型76毫米高射炮和3门M1927型76.2毫米野战炮。

■ 左图是1942年8月23日在外高加索前线莫兹多克火车站附近，在与德军坦克交战中被击毁的第19号"邵尔斯"号装甲列车，该车属NKPS-42型装甲列车，配备4门M1902型76.2毫米野战炮。

■ 右图是1942年冬在沃尔霍夫前线，苏军1号"死神来了！德国侵略者！"号装甲列车正在进行对空防御，观察员警惕地注视着天空，炮手们各就各位。

■ 上图是1942年春在莫斯科郊外待命的"苏维埃亚美尼亚"号装甲列车，该车属OB-3型，配备有CT-28型76.2毫米炮。在1942年夏，该车被编入第62独立装甲列车营。

■ 右图是1942年春在莫斯科拍摄的另一张"苏维埃亚美尼亚"号装甲列车的照片，此时它配备的是PR-35型装甲机车，在1942年夏编入第62独立装甲列车营时，该车换装了NKPS-42型装甲机车。

■ 本图是1943年夏季正在前线奋战的一列OB-3型装甲列车，车身周围盖满伪装物，其中一节车厢为了增强伪装的隐蔽性，把木栅栏放到了车身上，远处一看还真以为是一处农家小院。

■ 上图是 1944 年夏季在前线战斗的第 31 独立装甲列车营的 702 号"伊利亚 · 穆罗梅茨"号装甲列车，请注意车身涂装的迷彩。

■ 下图是 1943 年隶属于卡累利阿方面军第 27 独立装甲列车营的 638 号"胜利"号装甲列车，该车属 OB–3 型装甲列车，车载炮塔上搭载的均为波兰生产的 M1902/26 型 75 毫米野战炮，照片摄于 1943 年夏季该车在卡累利阿前线作战期间。

■ 上图是第31特种装甲列车师659号"科斯马·米宁"号装甲列车的官兵们在炮塔上合影,摄于1944年夏,注意车身涂装的三色迷彩。

■ 下图是1944年秋,装甲列车的乘员们在接到战斗警报后紧急登车,准备作战。照片中的装甲列车是第32独立装甲列车营的642号"向斯大林致敬"号装甲列车,请注意装甲车厢上的2座炮塔分别装着不同型号的火炮,照片左侧的炮塔已经换装了F–34型76.2毫米坦克炮,而后面的炮塔依然装备老式的CT–28型76.2毫米炮。

■ 左图是 1942 年秋季正在受领任务的一列 OB-3 型装甲列车，请注意装甲蒸汽机车后部可升降的防空塔，塔内安装 1 挺 12.7 毫米德什卡重机枪，最右边的后排士兵队列里出现了一名红军女战士。

■ 左图是 1942 年冬季，正在进行防化演习的由波罗的海舰队指挥的第 7 号 "波罗的海水兵" 号装甲列车，请注意背景中该车的平板车厢上搭载的 102 毫米舰炮。

■ 上图及下图是1942年春季，第32独立装甲列车营的1号"向斯大林致敬"号装甲列车的指挥员和政委正对全体车组人员进行战前动员，该车属 OB–3 型装甲列车，请注意车身上涂写的巨大的车辆名称，而且大多数车组成员都头戴坦克兵的黑色皮帽，这大概也说明装甲列车属于装甲兵部队的性质。

■ 左上图是1943年夏季在列宁格勒前线，第71独立装甲列车营"人民复仇者"号装甲列车的指挥员正在向全体乘员传达作战命令，注意背景中该车装甲车厢上安装的 KV-1 重型坦克的炮塔，在炮塔顶部还架设有 DT 型机枪。

■ 左中图是1943年在列宁格勒前线，来自工厂的群众代表向第71独立装甲列车营"人民复仇者"号装甲列车的全体官兵给予慰问，注意背景中可见装甲车厢上的76毫米高射炮。

■ 左下图是1944年夏季，在第1波罗的海方面军第60独立装甲列车营的"乌法"号装甲列车上，一名红军战士在车厢顶部操控1挺 12.7毫米 UBT 航空机枪进行对空防御。

■ 上图是第66独立装甲列车营的1号装甲列车，照片拍摄于1942年5月至6月间。该车是位于伏罗希洛夫格勒的"十月革命"工厂在1942年生产的，注意近处这节车厢上繁杂的武器配置：最前面是1座配备M1902/30型76毫米野战炮的炮塔，中间是1座配备45毫米炮的T–50轻型坦克的炮塔，最后面是配备M–10型152毫米榴弹炮的KV–2重型坦克的炮塔。

■ 下图是1942年7月20日在格尼车站附近被德军击毁的第66装甲列车营1号装甲列车，该车的炮塔配备了两种火炮，一种是F–34型76.2毫米坦克炮，另一种是老式的M1902/30型76毫米野战炮。

■ 上图是 1942 年被德军俘获后重新启用的一列装甲列车，注意该车原是属于苏军第 52 独立装甲列车营的 2 号装甲列车。

■ 下图是 1942 年苏军第 53 独立装甲列车营的 2 号"楚瓦什共和国共青团员"号装甲火车，照片近处为 No. 6039 型装甲蒸汽机车。

■ 上图是1942年8月23日，在与德军坦克交战中被击毁的第19号"邵尔斯"号装甲列车的装甲车厢近照。

■ 下图是1942年8月23日在莫兹多克附近被德军击毁的第20号装甲列车，近处的这节装甲车厢只安装了1座大型炮塔。

■ 上图是1942年拍摄的第12独立装甲列车营1号装甲列车，该车属于 OB-3 型装甲列车，是赛兰兹车站大修厂于1942年生产的。每节装甲车厢配备1门 M1902/26 型76毫米野战炮、4挺波兰产的勃朗宁机枪及1挺 DT 机枪，装甲采用没有经过表面硬化的普通钢板，机车装甲厚30 ~ 40毫米，装甲车厢采用10+20毫米钢板中间填充防弹材料的间隙装甲结构，总厚度为80毫米。

■ 下图是1942年拍摄的第33独立装甲列车营1号装甲列车，该车为 OB-3 型装甲列车，1942年3月在巴拉瑟夫站机车修理厂生产，每节装甲车厢上配备1门 D-11 型76.2毫米坦克炮、3挺波兰生产的勃朗宁机枪及2挺 DT 机枪，装甲机车装甲厚30 ~ 40毫米，装甲车厢采用80毫米厚的间隙结构装甲。

■ 上图是1942年拍摄的第27独立装甲列车营1号装甲列车，该车属OB–3型装甲列车，在1942年2月由位于鄂木斯克的第174工厂生产的。该车的装甲车厢上配备1门M1902/26型76毫米野战炮和5挺DT机枪，机车装甲板采用表面硬化装甲，厚度30～45毫米，装甲车厢采用15+15毫米的间隙装甲，总厚度为80毫米。

■ 下图是一列编制不明的OB–3型装甲列车的装甲车厢，该车是契卡洛夫机车修理厂在1942年3月制造的，装甲车厢上配备1门M1902/26型76毫米野战炮和5挺DT机枪，采用普通钢板作为车身装甲，具有间隙结构的装甲厚度为80毫米。

■ 上图是 1943 年夏拍摄的苏军第 379 号装甲列车，照片中这节装甲车厢拆除了 1 座炮塔后安装了 1 门缴获的德制 Flak 36 型 88 毫米高射炮，该装甲列车被划归第 30 独立装甲列车营指挥。

■ 下图是 1942 年春，苏军亚速海区舰队下辖的"为了祖国"号装甲列车正在支援海军步兵作战，这些步兵很可能是搭乘该车投入战斗的。

■ 1942年春，正在进行演习的"为了祖国"号装甲列车，操控测距仪的水兵们正向指挥员通报射击数据，装甲车厢上的34K 型76毫米舰炮也指向测距仪观测的方位。请注意2门76毫米舰炮中间高耸的指挥塔以及上方的潜望镜。

■ 上图及下图是1941年至1942年冬，在西部前线作战的一列 PL-37 型装甲列车的车组成员在列车前列队集合，准备接受检阅。列车已经涂绘了白色的冬季涂装，从下图可以注意到该列车的炮塔安装了长身管的 76.2 毫米炮。

■ 上图是 1944 年夏季，在难得的战斗间隙，苏军装甲列车上的官兵正用歌舞来暂时忘却战场上的生与死，照片背景是 BP-43 型装甲列车的装甲车厢，装有 T-34/76 1943 年型坦克炮塔，注意炮塔基座正面的舱门。

■ 下图是一列苏军装甲列车上装备的三联装 PV-1 型 7.62 毫米防空机枪的特写照片。

■ 上图及下图是1943年春，红军士兵正在莫斯科工厂接收两列全新的装甲列车"莫斯科铁路工人"号和"苏联铁路工人"号，它们都将被编入第61独立装甲列车营，这两列装甲列车都属 BP–43 型装甲列车。

■ 上图是1945年春季从列车顶部拍摄的"萨拉瓦特 · 茹拉耶夫"号装甲列车，请注意照片左下角的那挺12.7毫米 UBT 机枪，该枪是二战时期苏联飞机的标准航空机枪，从照片中火炮车厢的形式看，这是一列 BP–43型装甲列车。

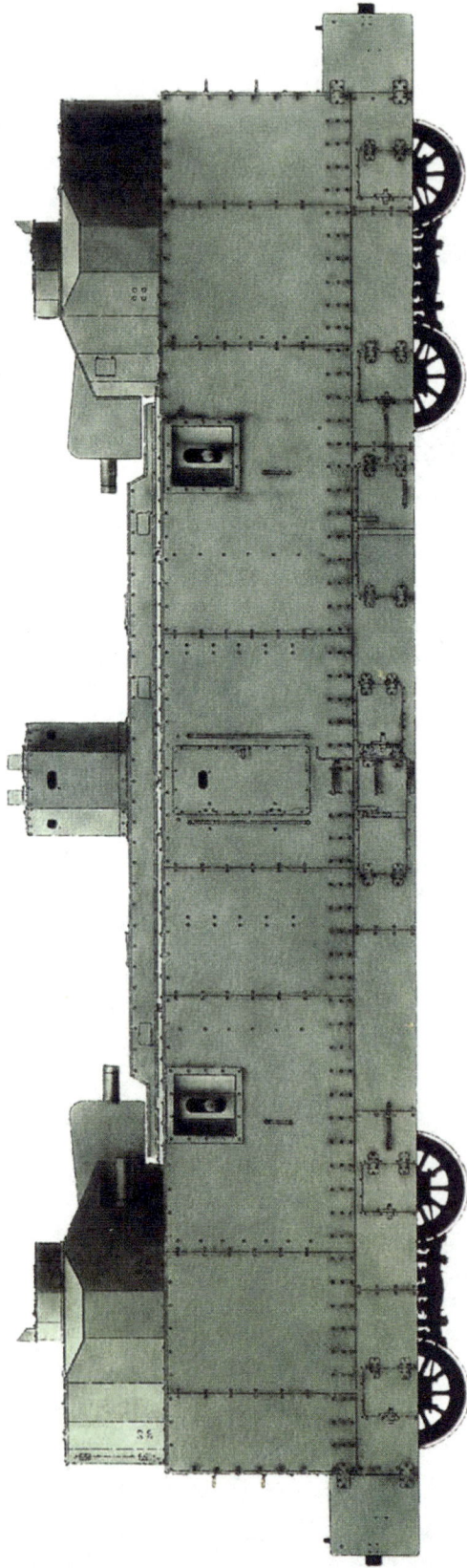

上图是1936年生产的一列 PL-35 型装甲列车的装甲车厢侧视图，该车隶属于第1装甲列车营。本图显示了该车在1939年9月时的涂装，车身上只涂有简单的草绿色涂装。

下图是1941年被德军俘获的一列苏军 PL-35 型装甲列车的装甲车厢侧视图，它被德军编入第12装甲师，编号47，注意车身上的涂鸦迷彩。

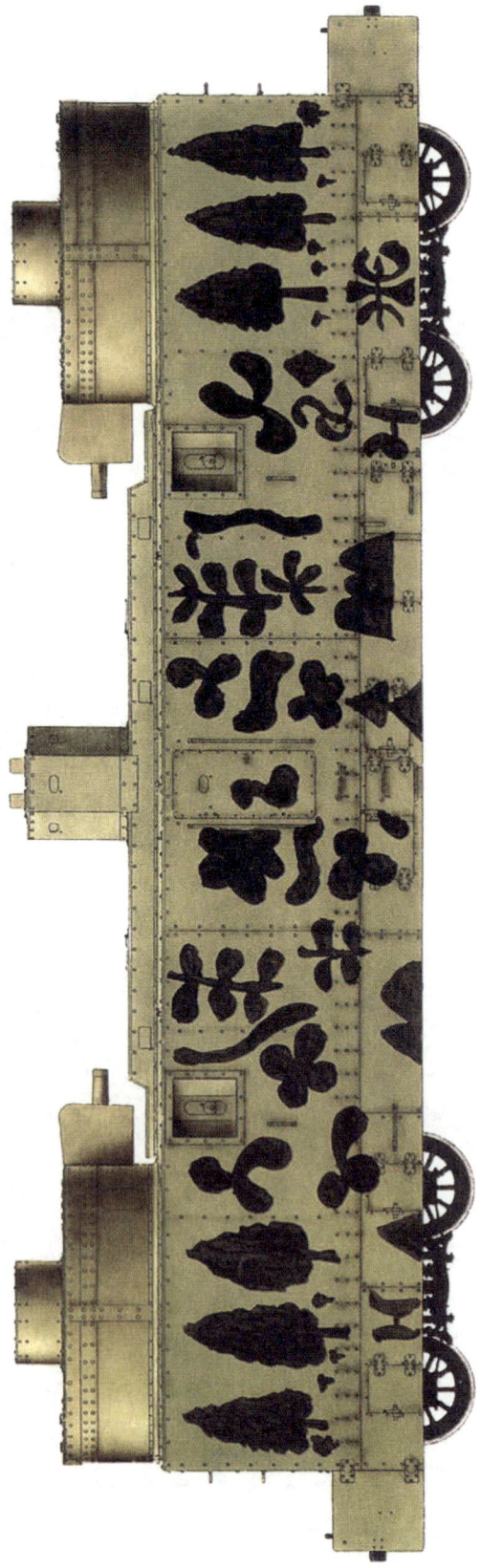

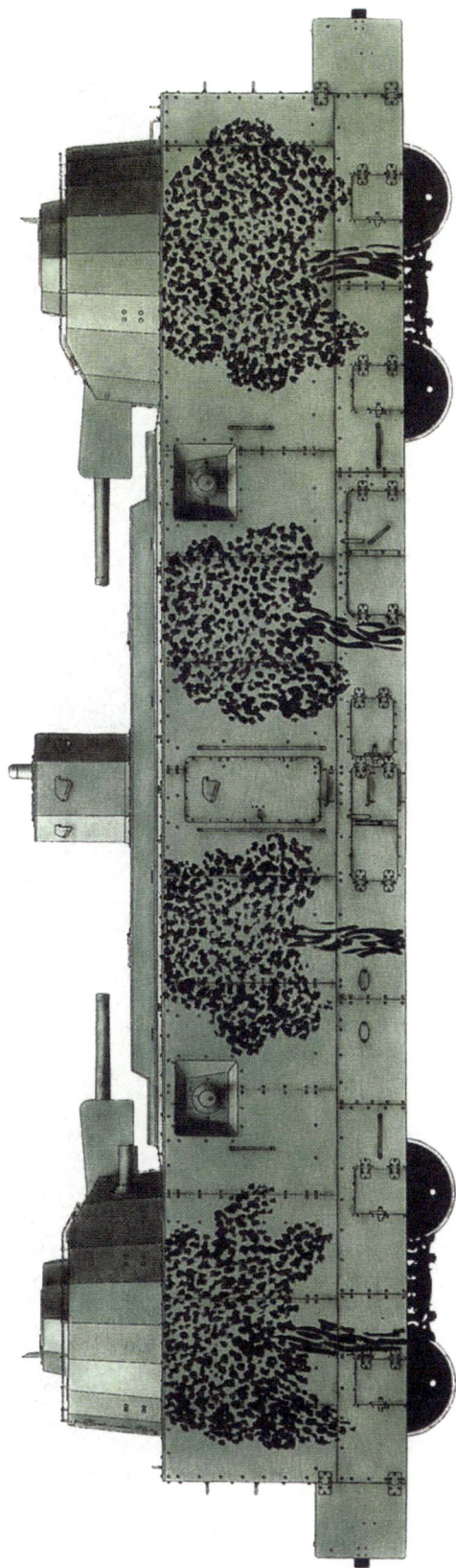

■ 上图是 1941 年 8 月苏军独立第 4 装甲列车营的一列 PL-37 型装甲列车的装甲车厢侧视图,该车为了躲避德军空袭,在车厢的绿色底漆上绘制了树木的图案以增强伪装效果。

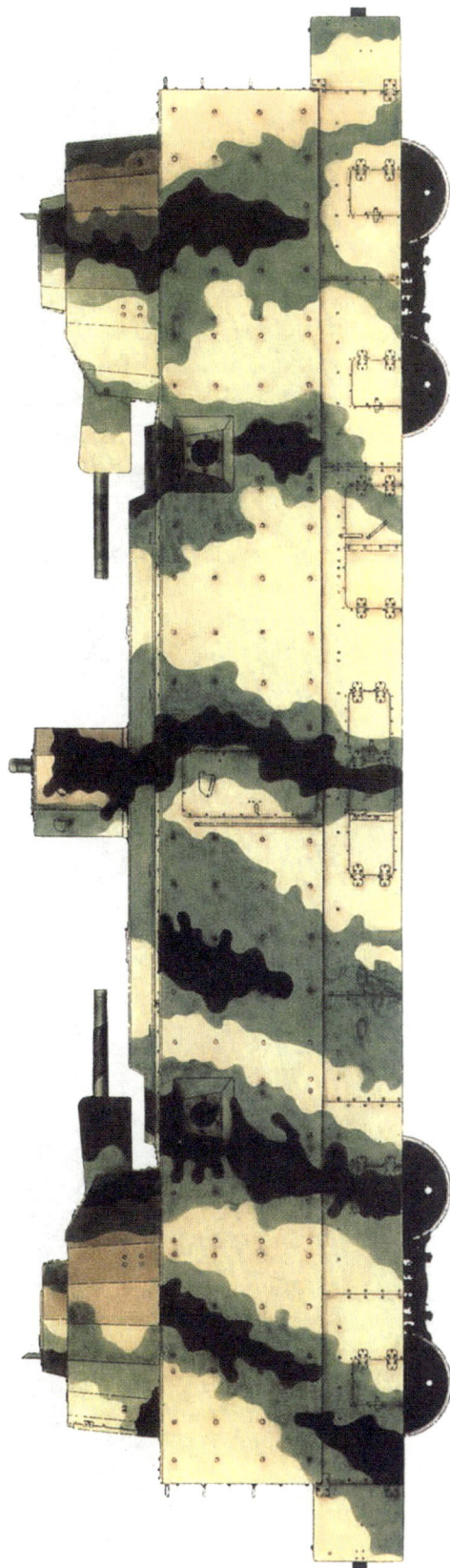

■ 下图是 1941 年 10 月苏军 PL-37 型装甲列车"为了祖国"号的装甲车厢侧视图,采用三色迷彩涂装。

■ 上图是1941年7月隶属于苏军第12独立装甲列车营的No.60型重型装甲列车的车厢侧视图，它被德军缴获后重新投入使用，车身上涂绘了很多花卉草枝叶的图案。

■ 下图是1942年春被敌德军缴获后重新投入使用的PL-37型装甲列车的车厢侧视图，该车的火炮被换成了德军的75毫米火炮，全身涂以德军标准的深灰色涂装，以及车辆识别编号及铁十字徽标。

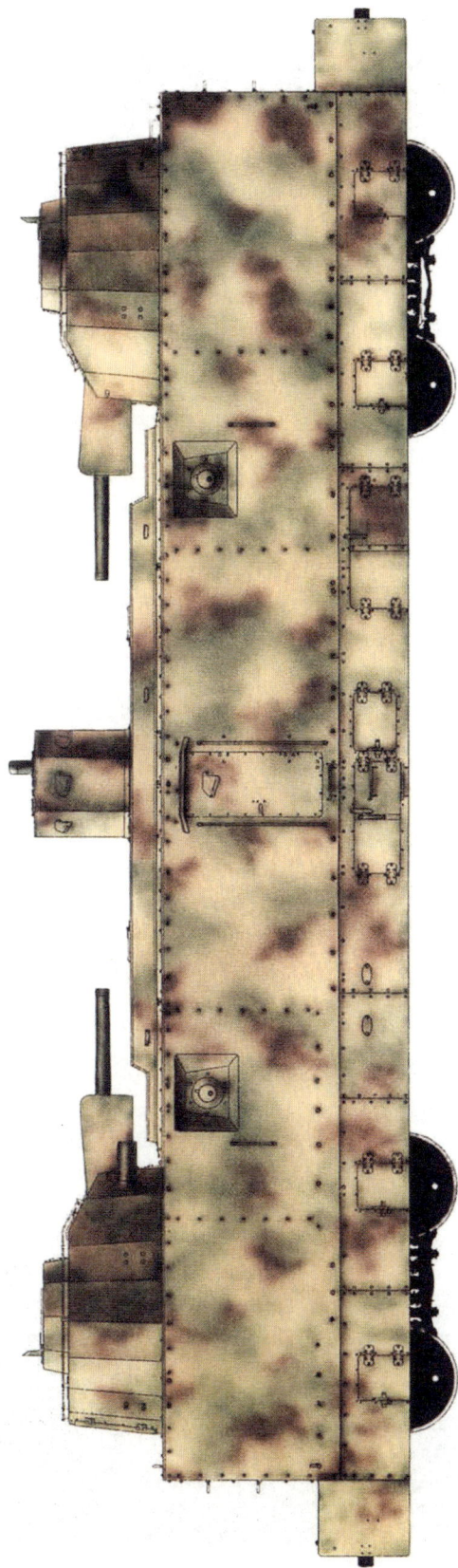

■ 上图是1943年4月西部前线，苏军第21独立装甲列车营隶属的695号装甲列车的车厢侧视图，全车采用土黄底色加棕色和绿色斑点的迷彩涂装。

■ 下图是1941年8月第4独立装甲列车营第44号装甲列车的车厢侧视图，该车属PR-35型，为增强伪装效果，该车在草灰色底漆上绘制了灌木枝条图案。

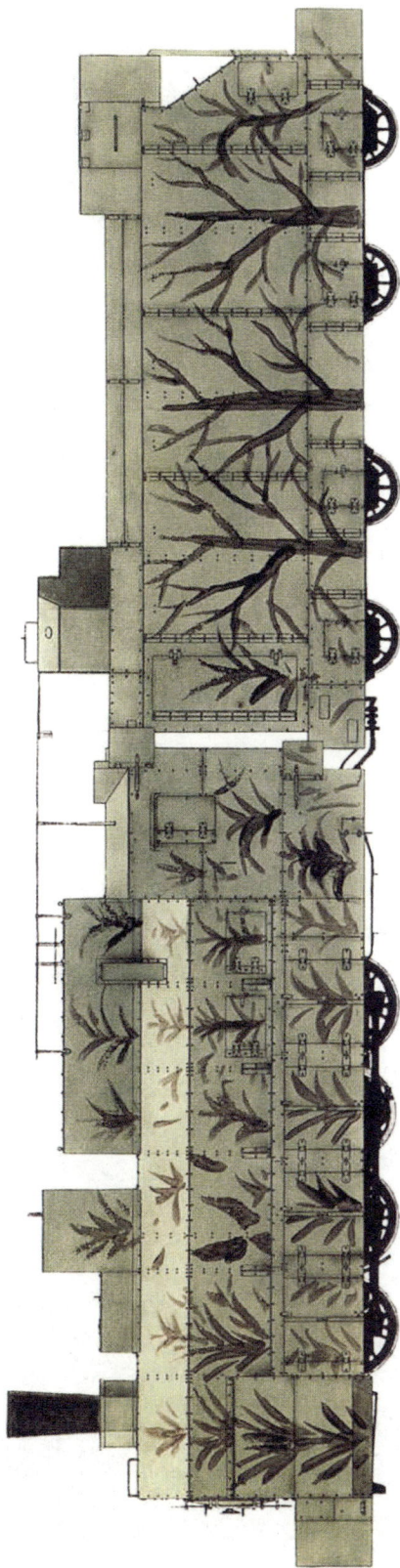

二战后对苏军装甲列车的评价

二战后，苏联军事专家就装甲列车的优缺点做了如下的评价：这种武器永远具备的一个优点就是它能够快速机动，在完好的轨道上，即使遇到来自地面和空中的威胁，装甲列车仍能够在一天里完成大约500公里的行程。小口径火炮和榴散弹对于它的装甲是无可奈何的，因此装甲列车可以与敌人进行近距离交战。在一般情况下，装甲列车每侧至少有4门火炮和8～12挺机枪可以同时开火打击近处的敌人。它自身具备较强的防空能力，可以应对一定程度的空中袭击。在特殊情况下，装甲列车也可以作为运载步兵的工具，协助其他部队快速机动。

成也萧何，败也萧何。装甲列车的一个致命缺点就是其极度依赖完整的铁路网络，铁路即是其成功发挥作战效能的关键，也是其最为致命的死穴。战时敌军如果破坏了装甲列车行进方向上的铁路，这个钢铁怪物就会立即变成搁浅的鲸鱼，任人宰割了，铁路线的破坏能够剥夺装甲列车的行动自由，对于装甲列车而言，完好无损的铁轨要比车上装载的枪炮更具价值。另外，装甲列车的运行也需要充足的水、煤储备，而且运行一段时间后需要对机车锅炉进行清理，否则就会严重影响其作战效能，这加重了装甲列车对铁路沿线后勤支援设施的依赖程度。

尽管装甲列车在二战战场上已经难以像在内战战场上那样成为主角，但是苏联官方观点仍然认为苏军的装甲列车在二战中完成了赋予它的任务。根据苏方资料记载，在战争中有不少装甲列车表现突出，比如战争初期第56号装甲列车曾在基辅战役中勇猛地阻击德军坦克和摩托化步兵部队的进攻；第72号装甲列车在明斯克（Minsk）、布良斯克（Briansk）、莫斯科、列宁格勒和斯大林格勒等多处战场转战；"伊里亚·穆罗梅兹"号（Ilya Muromets）装甲列车在战争期间战斗行程达2500公里，从苏联境内推进至奥德河畔的法兰克福（Frankfurt），其间取得了如下战绩：击落7架飞机、摧毁了一列德军装甲列车和7个炮兵连或迫击炮连；还有"乌兹别克斯坦"号（Uzbekistan）号装甲列车，在战争结束时它的战斗轨迹已经延伸到德国境内的勃兰登堡（Brandenburg）。

■ 上图是1门现存于俄罗斯火车博物馆内的 TM-2-12型305毫米铁道炮，保存状态非常好，请留意其车身上放置的两枚弹丸。

■ 二战结束后部分退役的装甲列车被送进了博物馆，它们在那里安静地向人们展示着过去的功绩和辉煌，上图为在俄罗斯博物馆内展示的BP-43型装甲列车。

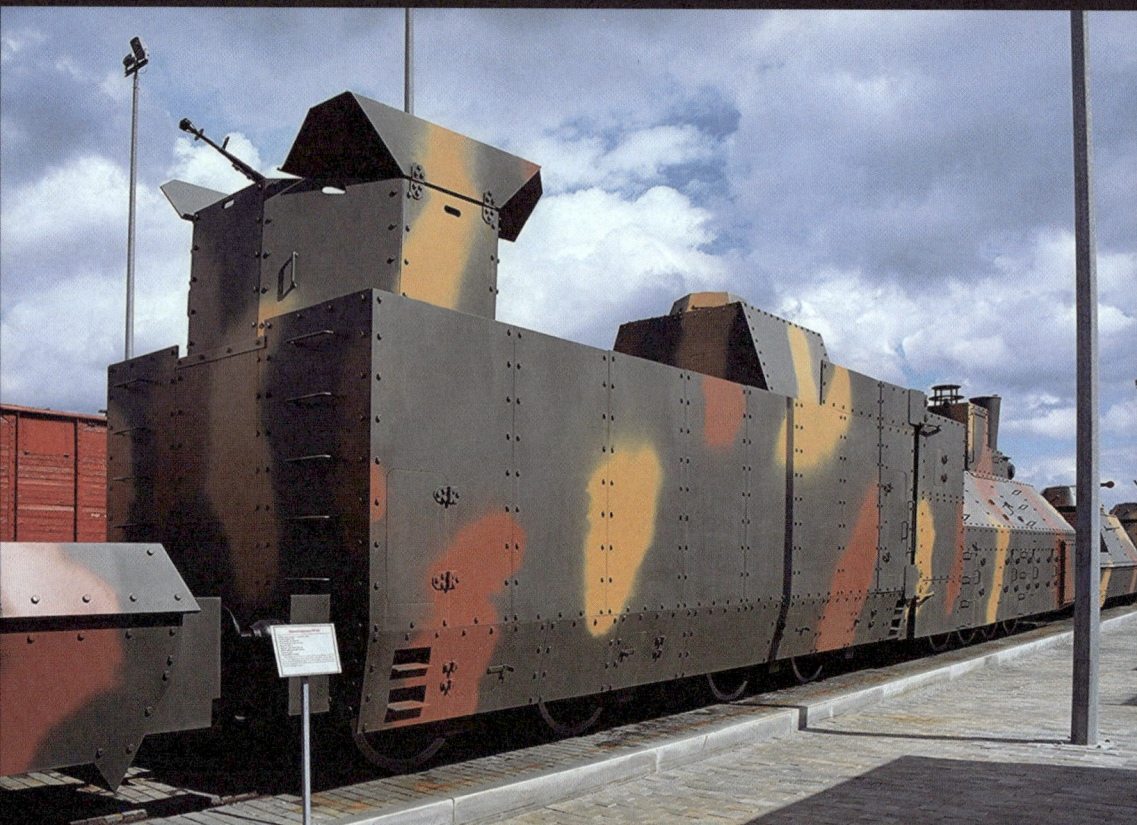

■ 上图及下图是俄罗斯博物馆内陈列的 BP-43 型装甲列车的彩色照片，上图是从右侧后方拍摄的装甲机车，可见机车后部的防空塔和里面装备的高射机枪，下图则显示了该车火炮车厢和防空车厢的状态。

■ 这是二战时被大量生产用于牵引装甲列车或铁道炮的 No.5067 型装甲机车，该车型采用的蒸汽机车量产于1896年，自重120吨，装甲厚30毫米，配备1挺12.7毫米高射机枪，乘员5～6人。本图为机车正面特写。

■ 从左前方拍摄的 No.5067 型装甲机车。

■ 从右前方拍摄的 No.5067 型装甲机车。

■ 上图及下图是 No.5067 型装甲机车的局部细节特写照片，上图为车轮的近照，下图为车体侧面的舱门特写。

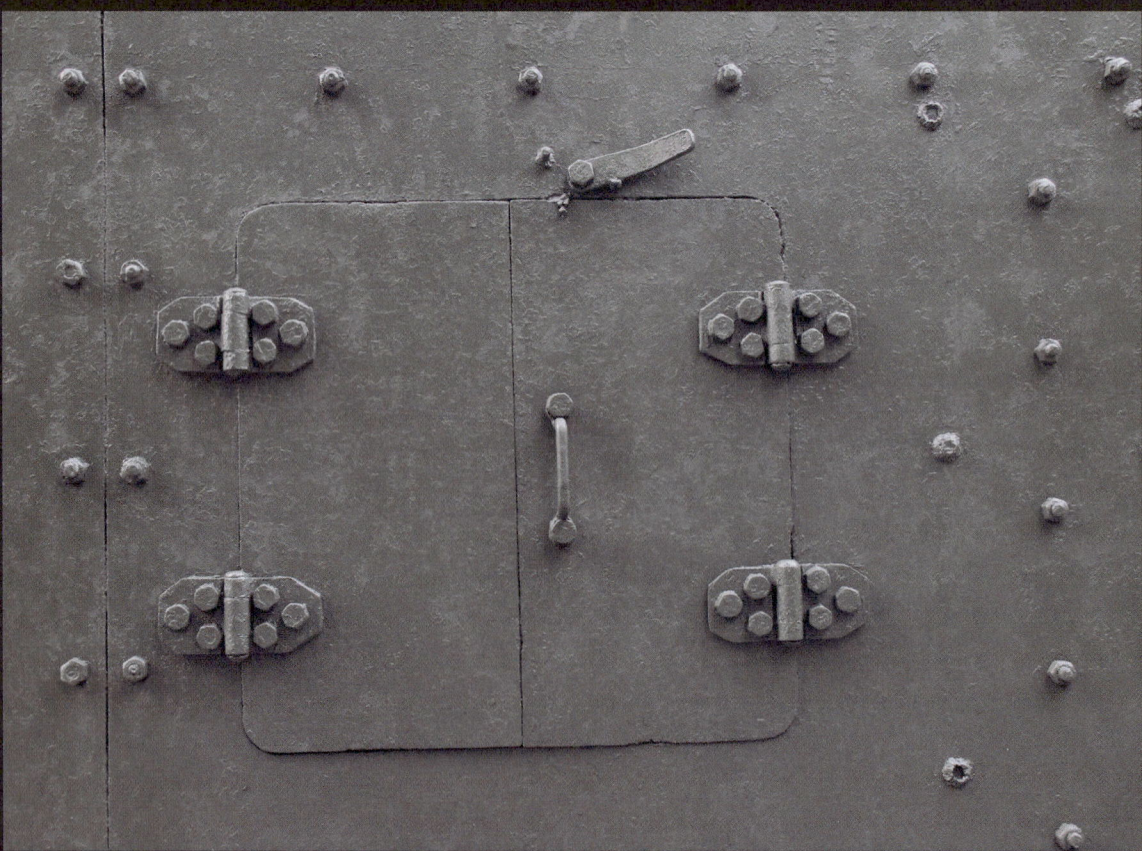

■ 上图及下图是俄罗斯乌拉尔军事博物馆内收藏的 BA–10Shd 型（上）和 BA–20Shd 型铁道装甲汽车，这些彩图能够向我们展示更多的车身细节，这两种车型都配备普通的充气车轮和轨道钢轮，以适应不同的行进方式。

1号车组：包括装甲机车，一节火炮车厢和两节防爆车厢。

2号车组：包括两节火炮车厢，一节装备火箭弹发射器的防空车厢和两节防爆车厢。

■ 本页彩图显示了"科斯马·米宁"号装甲列车的车厢编组方式，上图为车身前部的1号车组，下图为车身后部的2号车组。

二战后的苏俄装甲列车

二战结束后，苏联的铁甲列车并没有消亡，还在某些特定地域继续履行职责。在20世纪70年代初期，中苏关系高度紧张，苏联为了在地广人稀的远东地区确保铁路线的安全，专门建造了4～5列装甲列车，作为铁路沿线的机动巡逻力量。不过，这些新的装甲列车并没有像二战时期的老前辈那样配置带有坦克炮塔的专用装甲车厢，而是将坦克等装甲车辆直接搭载在平板车厢上，并增加了少量防护装甲，在车厢上搭载了供车辆上下车的跳板，在必要时车载战车可以下车独立作战，这种配置方式使得装甲列车的作战方式变得更为灵活。有资料显示，每列火车上运载了10辆主战坦克、2辆轻型两栖坦克、数辆自行高炮和数辆装甲运兵车，此外还有各种供给车辆和铁路维修设备。在中苏关系缓和后，这些钢铁巨兽被部署至危机四伏的高加索地区。在1990年，一些装甲列车被派到发生骚乱的阿塞拜疆地区，在那里守护重要的铁路枢纽，此后它们又被派往纳戈尔诺－卡拉巴赫地区执行类似的任务。

随着苏联的解体，苏军的装甲列车渐渐被人

■ 上两图是20世纪70年代苏军部署在西伯利亚地区的装甲列车正在进行 T-62 型坦克上下平板车厢的训练。

■ 下两图是在远东地区的白桦林中隐蔽行进的苏军装甲列车，其平板车厢用帆布盖住的是 1 辆 T-62 型坦克。

们遗忘了，却不曾想在世纪之交的第二次车臣战争中再度复活。在这场俄联邦军队对抗车臣地区分裂势力的战争中，面对缺乏空中力量和重型武器的车臣武装，装甲列车再次获得了用武之地。俄军为了确保战区铁路线的安全，防御叛军对铁路运输的袭扰，在汉卡拉基地临时编组了数列装甲列车，实际上多是在普通列车车厢上装载坦克、装甲车、各种枪炮，并视情况增设少量装甲。汉卡拉基地负责列车的改装和维护、人员的训练以及物资补给。俄军官方对该基地的装甲列车冠以SP-1、SP-2、SP-3等编号，但是基地内的官兵更喜欢用昵称来称呼这些重生的装甲列车，比如SP-1号被称为"贝加尔湖"号，SP-3号被称为"捷列克"号，SP-4号的昵称为"阿穆尔"号等等。

所有这些装甲列车都属于俄内务部队指挥。

根据战斗任务的需要，装甲列车由汉卡拉基地自行编组、调配，一般配置是挂载1～2节搭载T-62A坦克或BMP-2步兵战车的平板车厢，1～2节搭载ZU-23-2型双联装23毫米机关炮的车厢，以及几节配备大量的12.7毫米重机枪和AGS-17榴弹发射器的装甲车厢，有些武装车厢就是把1辆乌拉尔卡车直接固定在平板车厢上面，在卡车周围堆上枕木、沙袋构成。此外，装甲列车还会挂载1～2节普通旅客车厢，供官兵们休息进餐。为了防止地雷和路边炸弹的袭击，在列车的前后均会拖挂1～2节装有沙袋、枕木和铁轨的平板车厢，其作用正如二战时期装甲列车的防爆车厢。所有装甲列车均由普通的内燃机车牵引。

■ 俄罗斯军队在第二次车臣战争中再次启用装甲列车，本图为列车司机在驾驶室内操纵机车，俄军采用普通内燃机车牵引装甲列车。

■ 俄军装甲列车上搭载在简易平板车厢上的 ZU-23-2 型双联装 23 毫米机关炮。

■ 从后方拍摄的俄军装甲列车上的 ZU-23-2 型双联装 23 毫米机关炮，请注意其前方的车厢上有 1 辆被固定的卡车，其两侧为了增强防御堆满了沙袋，在炮位后方的车厢地板上铺有沙土。

上图是1辆被固定在平板车厢上的卡车，其两侧用大量的空弹箱和枕木来加强防护，注意卡车后方的小型装甲车厢，其侧面开有射击孔。

左中图是一节被用来运载枕木的平板车厢，其前方是一节搭载ZU-23-2型双联装23毫米机关炮的专用装甲车厢。

下图是在汉卡拉基地改装的简易装甲车厢，在车厢顶部前后加装了可360度射击的装甲机枪塔。

■ 上图是搭载2座 ZU-23-2型双联装23毫米机关炮的专用装甲车厢，其样式与二战时期的防空车厢非常相似，采用双色迷彩涂装。

■ 下图是搭载1座 ZPU-4型四联装14.5毫米高射机枪的简易装甲车厢，在车厢侧面涂绘了复杂的伪装图案。

■ 上图及下图是2008年在俄罗斯南部某地拍摄到的一列装甲列车，编号不详。当时这列装甲列车正在通过1座桥梁，车厢上涂绘了两种不同风格的伪装迷彩，下图中的这节车厢可能是搭载23毫米机关炮的防空车厢，车顶插有俄罗斯国旗。

■ 上图是一节装甲车厢上搭载的 KPVT 型 14.5 毫米重机枪，它被安放在一个圆筒形基座上，四周由装甲围栏保护。

■ 下图是在汉卡拉基地的工厂内生产的装甲指挥车厢，注意车厢侧面带有活动盖板的观察窗和射击孔。

■ 上图及下图是2003年在汉卡拉基地拍摄的"贝加尔湖"号装甲列车，可见一节装甲指挥车厢和一节装载坦克的装甲平板车厢。

■ "贝加尔湖"号装甲列车在车臣地区执行任务时拖带的简易装甲车厢,在普通的铁路平板车厢上搭载了数座 ZU-23-2 型双联装23毫米机关炮,车厢中部用枕木和铁板搭建了一个简易装甲堡,其内部安装了数挺12.7毫米机枪及 ASG-17 型榴弹发射器,其上部的观察塔为防士兵遭敌方狙击手攻击还铺设了伪装网。

■ 警戒中的"贝加尔湖"号装甲列车,装甲车厢上的2座 ZU-23-2 型双联装23毫米机关炮正指向可能发生袭击的方向,请注意其前方的装甲平板车厢上搭载的 T-62A 型坦克。

■ 右图是在车臣作战的"贝加尔湖"号装甲列车，列车前部的平板车厢上搭载了1辆T-62A型坦克，坦克前方还临时放置了一台发电机，为防叛匪攻击装甲平板车厢的行走机构，其外侧被厚厚的装甲板覆盖。

■ 在车臣战争期间，"贝加尔湖"号装甲列车为了有效应对叛匪的攻击，还在列车后部加挂了一节搭载BMP-2型步兵战车的普通平板车厢，如下图所示。为了增强火力，在BMP-2型步兵战车前方还布置了1座ZU-23-2型双联装23毫米机关炮。

■ 上图是"贝加尔湖"号装甲列车在专用装甲平板车厢上搭载的 T−62A 型坦克，请注意坦克车体和炮塔上加装的栅栏装甲，坦克后方的装甲堡清晰可见，为了应对突发事件，装甲堡上的射击孔已经开启。

■ 下图是在车臣战争后期，为了给 BMP−2 型步兵战车薄弱的侧面增强防护，在其两侧加铺了齐车高的原木，请注意 BMP−2 型步兵战车后方用枕木搭建的简易碉堡。

■ 根据俄罗斯国防部原来的计划，所有装甲列车将于2015年退役，它们将被送往斯塔夫波尔边疆区的基地封存。但是，最近俄罗斯国防部长绍伊古下令取消其前任谢尔久科夫下达的将装甲列车全部退役的命令，要求装甲列车及其乘员保持最佳状态，能够完成上级下达的一切任务。上图是2013年在俄国南部执行任务时临时停靠的"贝加尔湖"号装甲列车。右图是"贝加尔湖"号上进行警戒的23毫米机关炮，这一场面出现在俄罗斯红星电台播放的新闻中。下图是2015年在俄国南部某个铁路枢纽执行警戒任务的"贝加尔湖"号装甲列车，苏俄装甲列车的传奇还在继续延续。

参考资料

[1] Коломиец М. Бронепоезда Красной Армиии в Великой Отечественной войне 1941-1945 гг. Часть 1. Москва. Стратегия КМ. 2007

[2] Коломиец М. Бронепоезда Красной Армиии в Великой Отечественной войне 1941-1945 гг. Часть 2. Москва. Стратегия КМ. 2007

[3] Ефимьев А.В., Манжосов А.Н. Сидоров П.Ф. Бронепоезда в Великой Отечественной войне 1941-1945. Москва. Транспорт. 1992

[4] Максим Коломиец.Бронепоезда в бою 1941-1945. "Стальные крепости" Красной Армии. Москва. Стратегия КМ, Яуза, Эксмо. 2010

[5] Wilfried Kopenhagen. Armored Trains Of The Soviet Union 1917-1945. Atglen. Schiffer Military History. 1996

[6] David Bullock. Armored Units of the Russian Civil War (Red Army). Oxford. Osprey Publishing. 2006